태평양에서 대서양까지

태평양에서 대서양까지

발행일   2019년 5월 10일

지은이   박승훈
펴낸이   손형국
펴낸곳   (주)북랩
편집인   선일영   편집   오경진, 강대건, 최예은, 최승헌, 김경무
디자인   이현수, 김민하, 한수희, 김윤주, 허지혜   제작   박기성, 황동현, 구성우, 장홍석
마케팅   김회란, 박진관, 조하라
출판등록   2004. 12. 1(제2012-000051호)
주소   서울시 금천구 가산디지털 1로 168, 우림라이온스밸리 B동 B113, 114호
홈페이지   www.book.co.kr
전화번호   (02)2026-5777   팩스   (02)2026-5747

ISBN   979-11-6299-695-9 03980 (종이책)   979-11-6299-696-6 05980 (전자책)

이 도서의 국립중앙도서관 출판예정도서목록(CIP)은 서지정보유통지원시스템 홈페이지(http://seoji.nl.go.kr)와
국가자료공동목록시스템(http://www.nl.go.kr/kolisnet)에서 이용하실 수 있습니다.

대륙 횡단 기차로 **37개국**을 누빈
한 마도로스의 행복한 세계 일주

태평양에서
대서양까지

박승훈 지음

북랩 book Lab

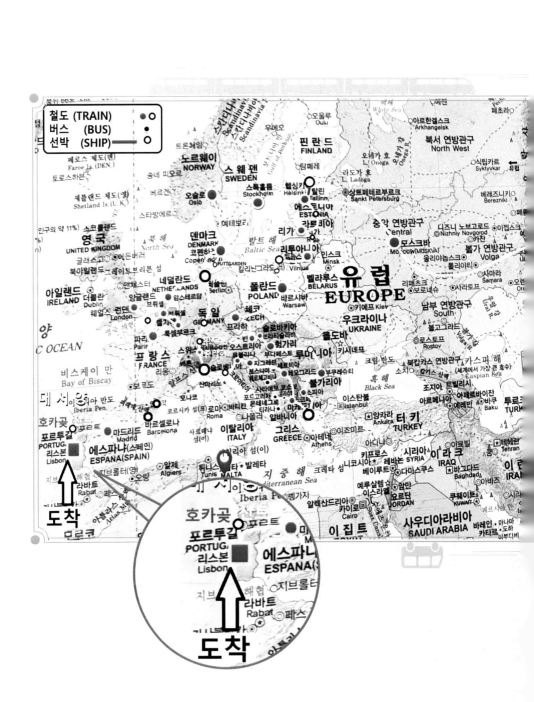

가자! 걸어서 '태평양에서 대서양까지'

7월 중순, 무더위가 시작되었다.

나의 직업은 선박의 기관장이다. 휴가가 시작되고 '앞으로 다가올 무더위를 어떻게 보낼까?' 생각하던 중에 몇 년 전에 선박에 승선하여 근무할 때 지구를 한 바퀴 항행(航行)한 적이 있었는데, 이번에는 '걸어서 태평양에서 대서양까지 가 보자'라고 굳게 마음을 먹게 되었다. 살짝 흥분되었다. 걸어서 바다를 횡단한다니?

2018년 7월 18일, '부산(釜山)'에서 여객선을 타고 일본의 '오사카'까지 갔다. 그리고 기차로 일본 본토의 가장 극동(極東) 쪽으로 태평양에 인접한 '이누보사키(INUBOSAKI)곶'에 도착했다. 태평양의 대륙 끝인 이 절벽에 우뚝 솟은 등대가 나의 장대한 출발을 바라보고 있었다.

준비해 간 태극기 앞에서, 이곳에서 기차로 출발하여 일본 본토를 횡단하고 서쪽에 위치한 '사카이미나토(SAKAIMINATO, 境港)항'에서 배를 이용하여 러시아의 극동인 '블라디보스토크(VLADIVOSTOK)'에 도착한 후에 걸어서, 아니, 오직 기차로만 '러시아 대륙 및 동·남·북·서유럽 대륙'을 횡단하여 서유럽인 '포르투갈'의 극서(極西) 대서양에 위지한 '카보 다 호카(CABO DA ROCA)곶' 등대까지 가 보기로 결심했다. 절대 포기하지 말자고 굳게 다짐하였다. 이제부터는 철저하게 혼자다.

여행을 시작하니 한여름의 무더위가 나를 괴롭힌다. 쌀밥을 구경하기가 쉽지 않다. 모든 곳이 여행자로 넘쳐나서 모든 여정이 순조롭지 못하다. 너무 외롭다. 좋은 곳을 많이 경험하려는 욕망에 시간이 아까워 강행군을 지속하니 매일 다리와 몸이 이를 거부한다. 그래도 중도에 포기하면 평생 다시 도전하지 못할 것 같은 예감이 들었다. 게다가 중도에 하차하면 걸어온 길이 억울하다. 가자~ 가자~!

마침내 목표를 달성했다. 뒤돌아보니 총 37개국을 거쳐 왔고 101일이 걸렸다.

대서양의 시작이냐, 방대한 유라시아 대륙의 끝이냐….

태평양의 극동(極東) 땅끝에서 유럽의 극서(極西) 땅끝까지 무사히 도착했다고 거센 대서양의 바람이 나를 시샘한다.

포르투갈의 땅끝인 '카보 다 호카(CABO DA ROCA)'까지….

나의 다음 꿈은 대한민국의 부산(釜山)에서 기차로 출발하여 북한의 '신의주'를 통과하고 중국 대륙과 실크로드를 거쳐서 '카보 다 호카(CABO DA ROCA)'까지 가 보는 것이다.

글쓴이 박승훈

목차

PART 1

태평양에서
출발

일본(日本) '치바(CHIBA, 千葉)역'에서 JR을 이용하여 '초시(CHOSHI, 銚
子)역'까지 간 다음에 사철선(社鐵線)으로 갈아타고서 '이누보사키(INU-
BOSAKI)역'까지 갔다. 역에서부터 10분 정도 걸어서 일본 본토의 가장
극동(極東) 쪽인 '이누보사키 등대(CAPE INUBOSAKI LIGHTHOUSE)'에 도
착하니 눈앞에 광활한 태평양이 펼쳐져 있다.

다음 역은 종점으로 '외천(外川)'이란 역인데, 고즈넉한 어촌이 광활한
태평양을 품고 있다.

오가는 아기자기한 사철선(社鐵線) 열차 안에서는 일본 전통 복장을
한 나이 지긋한 여성 해설사가 열정적으로 승객들에게 이곳의 의미와
역사를 설명한다.

2018년 7월 23일. 장대한 여행의 여정을 위하여 기차에 몸을 싣고
이곳에서 출발하여 서쪽 지역인 '요나고(米子)역'에 도착한 후에 사철선
(社鐵線)을 이용하여 '사카이미나토(SAKAIMINATO, 境港)역'에 도착했다.

(2) SAKAIMINATO(境港)

　이곳은 일본 본토 서쪽의 동해(東海)에 위치한 항구로, 중소형 무역선과 어선이 입출항한다. 또한 '사카이미나토항(港)'에서 한국의 동해시(東海市)를 경유하여 러시아(RUSSIA)의 극동쪽인 '블라디보스토크(VLADIBVOSTOK)항'까지 국제여객선이 오간다. 기차로는 더 이상 못 간다.

　'사카이미나토(SAKAIMINATO)'까지 운항하는 모든 기차의 몸체뿐만 아니라 역사(驛舍) 주변 및 인접한 도로 주변 곳곳에는 이곳 출신의 일본의 유명한 만화가이며 역사가인 '미즈키 시게루'의 창작물이 있어 볼거리를 준다.

　'블라디보스토크(VLADIBVOSTOK)항'으로 가는 여객선은 19시에 출발한다.

　천천히 '시게루'의 만화 창작물을 구경하며 해변 가까이에 있는 어류(漁類) 박제(剝製) 박물관(水族館)에 도착했다. 외국인에게는 입장료가 거의 무료 수준이다. 규모는 작지만, 전시된 종류가 신기하고 대단하다. 여객선 부두 쪽에 위치한 '나카우라' 수산시장까지 걸어가니 식욕이 돋는다. 어시장 규모는 소박하지만 제법 손님이 많다. 나도 싱싱한 생선회로 대장정에 앞서 배를 채웠다.

(3) 동해시(東海市, KOREA)

  같은 선실에 동승한 5명의 일본인은 배에다 자전거를 싣고 '블라디보스토크(RUSSIA)'에서부터 러시아 대륙을 자전거로 횡단한다고 한다. 나는 '러시아 대륙-동유럽-발칸반도-북유럽-도버 해협-서유럽의 대서양'까지 오직 기차로만 여행한다고 하니 경외감이 깃든 표정으로 내 행운을 기원해 주었다. 배는 동해시에 익일 오전 10시경에 도착한 후에 승객을 보충하고 당일 14시에 '블라디보스토크'로 향하였다.

2

시베리아
횡단 열차를 타다

(4) VLADIBVOSTOK(RUSSIA)⇨ULAN-UDE(RUSSIA)

  '블라디보스토크(VLADIBVOSTOK)항'은 러시아의 동북아시아에 위치한 부동항이자 해군기지이다. 흔히 동양(東洋)에서 제일 가까운 유럽이라고들 한다. 특히 주변이 동양 문화인데 너무 가까운 곳에 유럽 문화가 존재하기 때문인지 북적대는 관광객의 대부분이 한국인, 중국인이다. 또 특별한 것은 유라시아로 가는 횡단 철도의 시발점이라는 것이다. 통일이 되면 대한민국의 부산(釜山)이 그 지리적 역할을 할 텐데, 통일을 간절히 염원해 본다. 걸어서 천천히 혁명 광장, 러시아 정교회 사원 등을 거쳐 유럽풍 도시를 느낄 수 있는 '아르바트 거리(Arbat Street)'를 감상하면서 해양 공원 쪽으로 갔다. 그 끝 쪽에 '킹크랩' 등 색다른 맛을 볼 수 있는 식당들이 있다. 그리 멀지 않은 언덕에 있는 일명 '독수리 전망대(View Point)'에서는 바다에 접한 시내를 한눈에 관망할 수 있다.

  2018년 8월 2일 22시 50분에 출발하는 시베리아 횡단 철도에 승차하기 위해 기차역으로 이동하니 역 안이 한국 관광객으로 북적거린다. 어떤 단체는 생전 처음으로 약 12시간 걸리는 장도의 기차에 승차하여 '하바롭스크'까지 가서 암울한 근대 한국의 이민사 및 독립투쟁사를 경험한다고 들떠 있고, 어떤 이들은 약 3일 정도 소요되는 기차에 승차하여 한민족의 어머니 젖줄 같은 '바이칼호'로 가기 위해 '이르쿠츠크(RUSSIA)'로 간다고 한껏 상기되어 있었다. 더구나 단짝인 것 같은 여성 한 쌍은 6~7일 정도 소요되는 횡단 열차로 '모스크바(MOCKBA, RUS-SIA)'까지 간다며 결연하게 이야기한다. 그러나 나는 같은 시베리아 횡단 열차로 2일 18시간 정도 소요되는 '울란우데(ULAN-UDE, RUSSIA)'까지 가서 국제열차로 '울란바토르(ULANBATOR, 몽골)'까지 갔다가 다시 '이르쿠츠크(IRKUTSK, RUSSIA)'로 와서 '바이칼호'로 가는 여정을 계획하고 있었다.

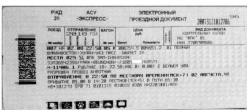

(5) ULAN-UDE(RUSSIA)⇨CYX6AATAR(MONGOLIA)

'울란바토르(ULANBATOR, 몽골)'로 가기 위해 국제열차에 몸을 실었다. 러시아 여행은 무(無)비자(VISA) 입국이지만, 처음 입국 시에 작성한 입출국 카드의 반쪽인 출경 카드는 분실하지 않고 필히 지참해야 출국 시에 문제가 생기지 않는다. 그런데 기차 안에서 무사히 러시아를 출국 통과했는데 바로 인접한 '몽골역(CYX6AATAR)'에서 진행된 입국 심사에서 몽골 입국 비자가 없는 것이 문제가 되어 짐을 들고 하차해야만 했다. 비행기를 이용한 공항에서는 단기간 여행 비자의 신청이 가능한데 육로(陸路)인 열차 안에서는 신청이 안 되며 사전에 입국 비자를 가져와야만 입국할 수 있다고 설명해 주었다.

'울란바토르(ULANBATOR, 몽골)'로 가는 국제열차는 곧 떠나고, 나는 심사국의 배려로 여권을 보관하는 조건과 원래 계획한 무비자 입국국인 러시아 '이르쿠츠크'로 되돌아가는 국제열차를 예매하는 조건으로 24시간의 상륙 허가를 받았다. 초라한 도시지만, 과거 몽골 제국 초기에는 이곳이 중심지였다고 하니 주위에 야트막한 산과 강이 고즈넉하게 넓은 초원을 휘감아 도는 것을 상상해 봄 직하다. 저녁 늦은 시간에 '울란바토르(몽골)'에서 출발한 러시아의 '이르쿠츠크(IRKUTSK)'행 국제열차에 승차하였다.

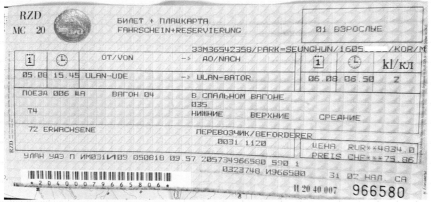

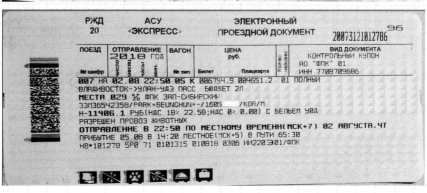

(6) IRKUTSK(이르쿠츠크, RUSSIA)⇨바이칼호(LAKE BAIKAL)

✳ 첫째 날

: 유네스코의 세계유산이자 아시아 제일의 담수호인 '바이칼호(LAKE BAIKAL)'의 관망 포인트인 '리스트비얀카(LISTVYANKA)'로 가는 호수 주변을 감상하기 위해 '이르쿠츠크'시(市)에 있는 출발지인 관광 유람선 선착장에 갔으나 때마침 배가 없는 날이었다. 버스 터미널로 이동하여 버스로 약 1시간 정도 걸려 '리스트비얀카'에 도착하였다.

바이칼호수의 맑고 투명한 호숫물에 얼굴을 씻고 발을 담그면서 그 주위를 관망하니, 10년은 젊어진다는 속설이 낭설이 아닌 듯하다. 볼거리가 여러 군데 있지만, '바이칼호'의 장대함을 사진 속에 담아 두기 위해 산등성이의 오솔길을 택하여 절벽 중간까지 걸어가 서서 한눈에 바라보니 광활한 호수와 운무에 보일락 말락 한 섬이 너무 평화롭다. 돌아오는 길에는 마을 어귀에 위치한 '오물'이란 담수어(淡水魚)를 파는 노점에서 훈제한 것과 자연 건조한 '오물'을 사서 러시아식 식빵을 곁들여서 먹었다. 입이 호강한다. 부랴트어로 바이칼호(LAKE BAIKAL)는 '큰물'이란 뜻이 있다고 한다. 다음 여행지인 바이칼호에서 제일 큰 '알혼섬'은 마음이 설레게 하는 장소이다.

❋ 둘째 날

: 오전 10시경에 종합 버스 터미널에 도착하니 마침 11시에 '알혼섬'으로 출발하는 버스가 있고 다수의 한국 관광객도 보인다. 숙박지인 '후지르' 마을에 도착하는 것은 오후 4시 30분경이라는데, 약 4시간 정도를 달려 섬의 진입 선착장에 도착하고 타고 온 버스와 승객은 섬을 오가는 카 페리(Car Ferry)에 승선하여 다시 섬 입구에서 타고 온 버스로 '후지르' 마을에 도착했다. 한국인, 중국인 및 서양 외국인들이 아담한 비포장 시골 마을을 가득 메우고 있었다. 같이 승차해서 온 한 쌍의 젊은 여성 한국 관광객은 짐을 풀자마자 샤먼 바위(부르한 바위)를 품은 호숫가 모래사장에서 수영과 사우나를 즐긴다고 한다. 다른 한 단체인 본토의 젊은 러시아인 관광객들은 야영과 섬 일주 트레킹을 위하여 곧 출발한다며 좋은 여행이 되라고 나에게 인사를 건넨다.

: 다음 날 오전, 섬 일주 관광버스에 몸을 싣고 심하게 덜컹대는 비포장 산길에서 웃지 못할 경험을 했다. 곳곳의 아름다운 경관과 순수한 자연에 몸과 마음이 치유되는 것 같다. 자연과 신이 지배하는 듯한 섬 전체가 고요 속에 잠겨 있다. 중국어로 된 관광 안내서에서도 고성방가하지 말라고 안내하고 있고 쓰레기 방치는 당연히 금물이다. 샤먼 바위(부르한 바위)라 부르는 곳까지 걸어가니 입구에 펼쳐진 인간의 염원을 기원하는 형형색색의 깃발들이 태고의 탄생지임을 장엄하게 알리는 듯하다. 어떤 이는 이곳에 3일 동안 머무르면서 매일 그 주위를 순회하고 있다고 한다. 무엇을 기원하고 있었을까? 가까이 보이는 샤먼 바위에서 태고의 인간들은 그들의 신들에게 무엇을 기원하였을까? 나에게는 말로 표현하지 못할 신묘한 탄생의 실마리가 나를 이곳까지 오게 하였다. 해 질 무렵에 유람선에서 바라보니 잔잔한 호수 위에 붉게 타오르는 듯한 '샤먼 바위'로부터 신들의 영험한 기운이 하늘로 뻗치고 있는 듯하다. 몸과 마음이 치유된 오늘 밤은 아주 편하게 잠들 수 있을 것 같다.

: 신성하고 신비한 탄생을 간직한 '알혼섬'을 좀 더 알고 싶어서 지척에 있는 자그마한 박물관을 찾았다. 전시된 섬의 흔적들이 많지 않아 감동을 받기에는 부족한 듯하여 오후 늦은 시간에 개방하는 민속 박물관을 예약하였다. 하루 정도의 시간 여유가 있어서 다음 마을까지 작은 오솔길이 난 숲속을 더운 날씨에도 불구하고 약 2시간 정도 걸었다. 걷다 보니 트레킹하고 있는 무리와 불편한 길을 자전거로 즐기는 사람들을 자주 만나 서로 호젓한 인사를 건네곤 하였다. 호수 주위의 초원 언덕에 있는 캠프촌은 사람들로 북적거린다. 마침 먼 산과 호수 수면의 경계에 끝없이 펼쳐진 운무의 띠가 한 폭의 동양화를 연상시킨다. 저녁 무렵에는 예약한 차를 이용하여 민속촌으로 향하였다. 안내를 맡은 아줌마가 마치 한국의 이웃집 아낙네 같아 한국에 먼 뿌리가 있지 않을까 싶어 물어보니 몽골 제국의 번성기부터 이곳에 터를 잡고 살았다고 한다. 소년, 소녀들의 전통무용에서는 은근히 〈아리랑〉의 춤사위가 느껴지는데, 아마 춤사위 속의 인간의 갈망에 대한 표현은 비슷한 것 같다.

(7) IRKUTSK(이르쿠츠크, RUSSIA)⇨MOCKBA(모스크바, RUS-SIA)

　한여름의 중간, 8월 13일 00시 28분에 출발하는 모스크바(MOCKBA) 행 새벽 열차에 몸을 싣고 약 3일 4시간이란 장도의 여정에 올랐다. '블라디보스토크'에서 '이르쿠츠크'까지 약 3일이란 장도 열차 여행 경험이 있어 매끼 식사 및 생리 해결에 요령이 생겼다. 무료한 시간에는 차창 밖의 경치 구경과 창문을 열고 달리는 밖의 풍경을 사진기로 촬영하며 시간을 보냈다. 중간마다 휴식하기 위하여 정차하는 역(驛)에서는 승객들을 상대하는 보따리 장사의 풍경들을 즐기니 불현듯 이대로 영원히 종착지가 없어도 좋을 것 같다는 생각을 해 본다.

(8) MOCKBA(모스크바, RUSSIA)

  기차에서부터 일행이 된 한국인 모녀와 같이 서둘러 붉은 광장으로 향하니 온통 사람들로 북적인다. 우선 일행이 '레닌의 시체'가 보관된 장소부터 가자고 제안하여 빠른 걸음으로 전시관에 당도하니 관람객이 꽤 긴 줄을 지은 채로 기다리고 있어 우리도 동참했다. 그런데 앞에서 웅성거리며 11시까지만 관람이 가능하다고 모두 줄을 이탈한다. 관람 가능한 날짜에 맞춰 왔는데 모두 아쉬워한다. 그래서 빨리 무기 박물관 및 보석궁 입장 매표소로 갔는데 역시 표 구하기가 만만치 않다. 같이 간 일행의 의견으로 보석궁에 입장하기로 하고 3명이 교대로 줄을 서서 기다려서 표를 구했다. 그런데 가만히 살펴보니 요령 있는 관람객들은 입장하고 싶은 장소를 선택하여 여러 명이 나누어서 시차를 두고 관람할 수 있도록 각기 필요한 만큼의 입장표만 구매하는 것이 아닌가. 특히 나중에 알았지만, 무기 박물관과 보석궁은 서로 이웃하고 있었다. 보석궁은 여성들에게는 평생 눈을 행복하게 해 주리라고 생각하며 잰걸음으로 순회 관람을 마치고 출구 쪽으로 오니 건장한 보안 요원들이 벌써 관람했냐고 의아한 시선을 건넨다. 그도 그럴 것이, 통역기를 귀에 장착하지 않았으니 눈만 실컷 호강하고 보석들이 제각기 가지고 있는 아름다운 이야기는 알지도 못하고 나온 것이다. '장님이 코끼리 다리를 만진 격'으로 돌만 보았으니 실소가 저절로 나온다. 크렘린궁을 한 바퀴 도니 저녁노을이 궁전 건물을 더 아름답고 화려하게 물들이고 있다.

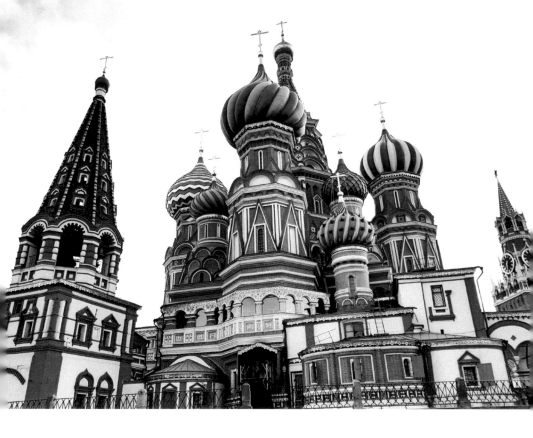

다음 날에는 역사박물관에서도 같은 비슷한 상황이 발생했는데, 고지도와 도자기들은 평상시에도 관심이 있어서 쉽게 이해가 갔다.

그러던 중에 칠보(七寶) 보석함을 발견했는데, 고미술에 관심이 있는 나로서는 관심이 생겨 영어로 표기된 작은 안내서를 읽어 보았다. '노태우 대통령'이 '러시아'와의 수교 기념으로 조선 중기의 작품을 선사했기에 전시한다고 쓰여 있어서 뿌듯함을 느끼기도 했다.

크렘린궁 주위를 거닐며 카페에서 러시아식 차와 커피로 여행의 피로를 풀고 해 질 무렵에 유람선에 승선하여 강변에 즐비한 러시아풍 고건축물들이 붉은 노을로 물든 한 폭의 서양화를 보는 듯한 해 질 무렵의 풍경을 감상하며 다음 여행지인 '탈린(TALLINN, ESTONIA)'으로 가기 위해 레닌그라드역으로 향하였다.

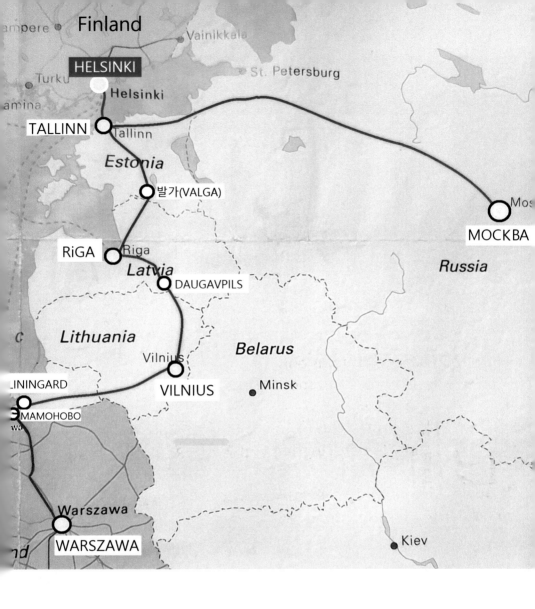

3.
동유럽에
가다

(9) MOCKBA(모스크바, RUSSIA)⇨TALLINN(ESTONIA)

　2018년 8월 18일 22시 15분에 '모스크바'에서 출발한 국제열차는 다음 날 아침 무렵에 러시아 출경(出境) 심사 지역을 거쳤다. 강(江) 하나를 사이에 두고 있는 유럽의 시작점인 '에스토니아(ESTONIA)'에 입경(入境)할 때 승차한 심사원의 간단한 질문으로 여권에 첫 유럽(EU)의 입국 허가 직인을 받고 나니 앞으로는 비자 문제가 없으리라 생각하며 설레는 마음으로 대한민국의 국력을 실감했다. 'ESTONIA'의 수도인 '탈린(TALLINN)역'에는 19일 13시 55분에 도착하였다.

(10) TALLINN(탈린, ESTONIA)

✿ 첫째 날

: 숙소를 정하고 그리 멀지 않은 구시가지(Old town)를 천천히 유람하니 이제부터는 진짜 유럽의 풍경을 감상하는 느낌이었다. 또한, 돈도 유로(EURO)를 사용하니 더욱더 유럽에 와 있다는 실감이 난다. 구시가지의 좁다란 골목마다 바닥에 깔린 자그마한 스톤 블릭(Stone blick) 길을 따라 성벽 안에 있는 관망대에 오르니 저 멀리에 온통 고풍스러운 붉은 기와지붕과 붉은 건물들이 조화롭게 어우러져 한 폭의 서양화를 보는 것 같다. 근처의 고풍스러운 카페에서 유럽식의 진한 커피(에스프레소) 한 잔을 마시는 여행자의 즐거움도 누려 봤다.

✵ 첫째 날

: 발트해를 사이에 두고 여객선으로 약 3시간이면 탈린에서 헬싱키 (핀란드)까지 갈 수 있어서 1박 2일의 여정으로 10시경 배에 승선했다. 배의 내부는 모든 위락시설이 호화스럽게 꾸며져 있고 새벽부터 밤늦게까지 왕복 운항편이 많아서 다음 날 22시경에 '탈린'으로 다시 돌아오는 왕복표로 예매하였다. 물론 EU에 최초 무비자 입국의 직인이 여권에 있어 입국 시에는 순조롭게 검사대를 통과했다. 역시 여행 성수기철이라 관광객이 많아 숙소를 간신히 잡을 수가 있었다. 그리 현대적이지 않은 전차(電車)형 트램(Tram)을 타고 시내로 향하였다. 좁고 복잡하고 낮은 언덕들의 미로에서 질서정연하게 운항하는 트램들을 보니 도시가 현대적인 것들을 거부하고 있다는 느낌을 강하게 받았다. 하차 장소 부근의 '헬싱키 역사(驛舍)'의 건축물이 예술적인 시각을 자극하여 열심히 눈도장을 찍고 천천히 걸어서 바다를 포근하게 품은 '카우파토리 마켓 광장(Market Square)'으로 향하였다.

: '카우파토리 광장'에서 출발하여 간단한 선상 뷔페를 제공하는 페리를 타고 고대의 역사가 스며든 '수오멘린나(SUOMENLINNA)' 요새와 곳곳에 핀란드의 역사 이야기가 깃들은 섬들과 요새들을 감상하다 보니 반나절이 훌쩍 지났다. '탈린'으로 돌아가는 배를 타기까지 여유 시간이 충분히 있어서 걸어서 갈 수 있는 식물원(Kaisaniemi Botanical Garden)에 가서 추운 지방에서는 어떤 식물들이 야생에서 자라고 있는지에 관한 궁금증을 풀기로 하였다. 이곳은 무료입장인 시민공원으로, 그리 넓지 않은 정원에 신기한 야생 식물들이 많아서 퇴장 시간까지 열심히 눈과 카메라에 추억을 담았다.

(12) 탈린(TALLINN, ESTONIA)

　다시 탈린항에 새벽에 도착하여 짐을 맡겨 둔 호텔로 향했다. 오전에는 다음 여행지인 '리가(RIGA, LATVIA)'로 가기 위하여 '탈린역(Station)'에 표를 예매하러 갔더니 매표소 직원이 기차가 하루에 한 번밖에 없고 고속버스를 이용하면 차편도 많고 시간도 훨씬 짧은데 왜 기차표를 구매하느냐고 짜증스러운 태도로 이야기한다. 또한, 기차는 중간에 '발가(VALGA)'에서 다시 갈아타야 하는 불편함이 있는데, '외국인이라 돈이 없나?'라고 생각하는 듯이 계속 의아한 표정으로 다음 날 오전 8시 30분에 출발하는 간이 표를 내민다.

　편안한 마음으로 하루를 만끽하기 위해 온 주위가 공원(SCHNELLI, HIRVE PARK 등)으로 둘러싸인 고풍스러운 '바날린(VANALINN)' 구시가지(Old Town)의 정취에 이끌려 이곳저곳 발길 닿는 대로 걷다 보니 거리에서 한국 단체 관광객들을 빈번히 발견할 수 있었다. 어스름해질 무렵이 되니 여행자들이 여정의 휴식을 위하여 구거리의 중심(Town hall square)에 위치한 식당들로 삼삼오오 짝을 지어 찾아들어 나도 운치가 있는 야외 레스토랑이 있는 특별한 곳을 찾았다. 식당 앞에 전시된 메뉴판에 "곰 고기, 멧돼지 고기 등…"이라고 소개하고 있는 메뉴를 보고 안내하는 점원에게 곰 고기(Bear meat)를 실제로 맛볼 수 있냐고 물었더니 "Sure."라고 대답한다.

　곰 고기와 채소를 곁들인 세트 음식과 레드 와인 한 잔을 주문하니 총 가격이 48유로(한화로 약 7만 원)였다. 생전 처음 경험하는 설레는 그 맛은 담백하면서도 부드러웠다. 오랫동안 입이 기억할 거라는 생각이 들고 더욱더 혀끝에 스며드는 한 잔의 와인이 앞으로의 멀고 먼 여정의 두려움을 삼시나마 잊게 해 주었다.

(13) TALLINN(ESTONIA)⇨VALGA(ESTONIA)⇨RIGA(LATVIA)

아침 일찍 탈린역에서 출발한 기차는 미지의 세계로 나를 인도해 주었다. 다음 국가인 '라트비아(LATVIA)'의 수도인 '리가(RIGA)'로 가기 위하여 '에스토니아(ESTONIA)'의 국내 역인 '발가(VALGA)'에서 국제열차로 갈아탔다. 승객들은 이웃 나라에 가는 것을 이웃집에 다니는 것처럼 여기는 듯하며 긴장하지 않고 평온하게 보였다.

(14) RIGA(LATVIA)

다음 여행지로 옮기기 쉽게 기차역 부근에 숙소를 정하였다.

현란하지 않고 아담하고 소박한 구시가지(Old town)로 가는 길에 '버마네스 가든(Vermanes Garden)'으로 산책하러 나갔다. 사람과 나무숲이 잘 조화된 산책길을 쉬엄쉬엄 만끽하면서 발걸음을 고풍스러운 대성당(Nativity of Christ Cathedral)을 지나 우리의 동시대(同時代)와 비슷한 아픔을 기린 자유 기념비(The Freedom Monument)를 거쳐 구시가지 중심부에 위치한 중세의 대성당(The Dome Cathedral)으로 옮기니, 성당 내부 관람과 기념 촬영을 하느라 성당 광장이 인파로 북적인다. 한국말과 중국어들이 여기저기서 난무한다. 작은 스톤 블릭(Stone blick)들이 깔린 길을 걷다 보니 운치 있는 카페의 입구에서 나를 붙잡는 친절한 현지 아가씨의 인도로 커피를 주문하고 미인이라고 칭찬하니, 자기의 할아버지가 '러시아'인이라며 인구의 약 40%가 러시아인이라고 한다. 십자군이 번성하던 시기에는 주위의 강대한 왕국들과 교류가 빈번했을 것이라 짐작해 본다.

해 질 무렵, 구시가지를 성벽처럼 감싸고 있는 '다우가바(DAUGAVA) 강'과 연결된 '크론발다(CRONVALDA)' 공원의 물가에서 사람과 함께 산책하는 한 무리의 아름다운 원앙들과 시간을 보내니 여독이 싹 풀리는 듯했다. 소박하지만 역사박물관(The Museum of History of Riga and Navigation)의 전시품들이 한때의 영화를 자랑하고 있었다.

(15) RIGA(LATVIA)⇨DAUGAVPILS(LATVIA)⇨VILNIUS(LITHUANIA)

여행 경로가 쉽지 않다. '리가(RIGA)역'에서 출발하였으나 '라트비아' 와 '리투아니아' 국경에 인접한 '다우가프필스(DAUGAVPILS)역'에서 허름한 국제열차를 타야만 했다. 역시 잘 발달한 고속도로의 버스를 이용하면 쉬울 텐데, 이용 승객이 많지 않다. 마치 예전에 우리나라의 경상도와 전라도를 오가는 열차 안의 풍경처럼 저마다의 사연을 안은 서민들의 이동 모습 같다는 인상을 받았다.

(16) VILNIUS(LITHUANIA)

대부분의 나라는 오래전에 사람들이 많이 모여 살고 인적·물적 교류가 편리한 곳에 기차역을 건설하였다. 기차역 가까이에서 시작되는 구시가지의 성(城) 초입에 있는 16세기에 세워진 '새벽의 문(Ausros vartai)'을 통과하니 성모 마리아 성상이 있다는 안내문이 보인다. 이곳이 사람들에게 소통과 염원의 장소였음을 상상하며 잘 깔린 스톤 블럭을 따라서 이동하니 고풍스러운 기념품 가게와 카페들이 눈에 많이 띈다. 붉은 벽돌로 지어진 고풍스러운 건축물들을 사진 찍는 데 정신이 팔려서 어느덧 멋들어진 고딕 건축물인 교회당(St. Anne's church) 앞을 지나고 있었다. 예스러운 건물들 사이로 그리 높지 않은 산성(山城) 정상에 우뚝 솟은, 15세기에 붉은 벽돌로 지어진 성(城) 전망대(Gediminas Castle Tower)에 올랐다. 그리 힘이 들지 않아 쉬엄쉬엄 오르고 난 후에 내친김에 입장료를 주고 좁고 가파른 망루 계단을 오르고 나니 나보다도 훨씬 키가 큰 철갑 백기사가 창을 부여잡고 떡하니 버티고 서 있었다. 상당히 오랫동안 망루에서 이 나라를 묵묵히 지켜왔을 충직함에 그에게 눈인사를 보내고 조금 더 가파른 계단을 올라가서 망루 밖을 내다보니 온 세상이 잘 정돈된 붉은색의 그림이다.

하루의 여행을 마무리하고 이웃 나라이자 다음 여행지인 '폴란드(POLAND)'의 '바르샤바(WARSZAWA)'로 가기 위해 기차표 예매를 하러 기차역으로 갔다. 그런데 매표원 말로는 고속버스로는 아무 때나 갈 수 있는데 국제열차로는 연결 운행이 안 된다고 한다. 그러면서 '소러시아'인 '칼리닌그라드(KALININGRAD)'까지 가서 '폴란드' 국경을 통과한 후에 기차를 이용하여 '폴란드의 바르샤바'까지 갈 수 있다고 하여 '칼리닌그라드'행 기차표를 예매하였다.

(17) VILNIUS(LITHUANIA)⇨KALININGRAD(칼리닌그라드, RUS-SIA)

　2018년 8월 28일 13시 33분에 나를 실은 기차는 '빌뉴스(VILNIUS)역'에서 출발하여 서쪽으로, 서쪽으로 달렸다. 기차 안에서 EU 출국 심사를 간단히 거치고 발트해(Baltic sea)에 위치한 일명 '소러시아'의 입국 심사를 간단히 마치고 19시 46분경에 '칼리닌그라드(KALININGRAD, RUSSIA)' 기차역에 도착하였다.

(18) KALININGRAD(러시아)

　도착 즉시 역 구내에 있는 인포메이션 센터(Information center)를 찾아서 폴란드(POLAND)로 가는 국제열차 편을 물어보니 이전에는 '마모호보(MAMOHOBO)'라는 러시아의 국경역을 거쳐 '폴란드의 브라니에우(BRANIEWO)'까지 가는 국제열차가 운행되었는데 승객이 없어서 지금은 운행하지 않는단다. 고속버스를 이용하면 '폴란드의 바르샤바'까지 직접 갈 수 있다며 버스 터미널로 가란다. 이에 나는 어떠한 경우에도 꼭 기차로 모든 나라 여행을 해야 한다고 열을 올려 설명하니 안내원이 답답해하는 와중에 옆에 있던 젊은 러시아인이 나의 상황을 이해했는지 나와 안내원에게 해법을 제시한다. 우선 러시아 국경 지역인 '마모호보(MAMOHOBO)역'까지 간 후에 5분 거리에 있는 양쪽 국가의 입출국 사무소가 있는 장소까지 가서 통과하면 바로 가까운 거리에 있는 '폴란드의 브라니에우(BRANIEWO)역'에서 '바르샤바(WARSZAWA)'까지 갈 수 있다고 하여 다음 날 오전에 출발하는 기차표를 예매하였다. 젊은 러시아인에게 고맙다고 했더니 양국 출입국 사무소 내에서는 걸어 다니지 못하니 통과하는 차편의 도움을 받아야 한단다.

　다음 날 오전 8시 30분경 불안감을 갖고 '칼리닌그라드역'으로 향하였다. 출발한 기차는 약 40분 후에 종착지인 '마모호보(MAMOHOBO) 역'에 도착했는데 출구에 러시아 경찰이 나를 알고 기다리고 있었는지 보자마자 여권을 달란다. '이곳을 통과하는 동양인이 처음이라 불심 검문이겠지'라고 생각하는데 갑자기 왜 이곳을 통과하려고 하는지 물으며 경찰차에 타라고 한다. 그러더니 자기 친구에게 연락받았다고 출입국 사무소까지 안내하며 출국하는 '폴란드인(人)' 자가용 승용차를 붙잡더니 나를 합승시켜서 러시아를 출국시켜 주어서 폴란드를 아주 편하게 통과하였다.

　물론 도움을 준 분들께는 대한민국의 위상이 손상되지 않게 마음의 답례를 하였다.

　'폴란드'에 들어서자마자 "WELCOME TO THE EUROPEAN UNION."이라는 글자가 나를 반겨 주었다. 이곳에서도 약 5분 거리의 '브라니에우(BRANIEWO)역'까지 바래다주는 고마운 일도 경험하였다.

(19) BRANIEWO(POLAND)⇨OLSZTYN GLOWNY⇨
WARSZAWA(POLAND)

폴란드 국경인 '브라니에우(BRANIEWO)' 기차
역에서 오후 14시경에 출발하여 중간(Olsztyn
Glowny)역에서 내려 폴란드의 '바르샤바(WAR-
SZAWA)'로 가는 야간열차로 갈아탔다.

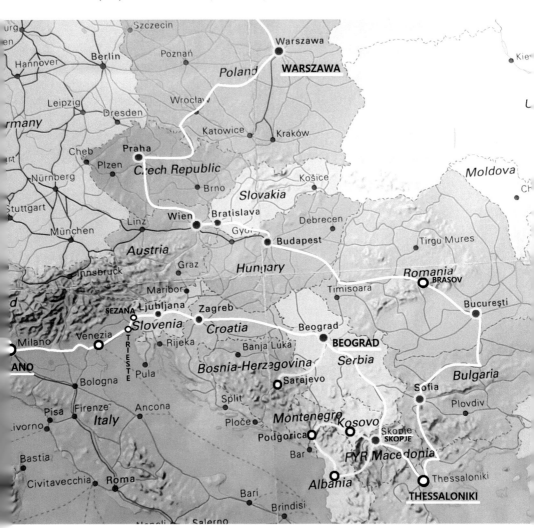

: 기차는 나를 아침 7시경에 바르샤바 중앙역(WARSZAWA CENTRAL)에 내려주었다. 잘 지어진 역사를 빠져나오니 눈앞의 웅장한 건축물(Palace of Culture)이 유서 깊은 도시를 자랑하고 있었다. 우선 스마트폰 앱(애플리케이션)으로 역 가까이 있는 숙소를 검색하여 예약하고 내비게이션(Navigation) 앱으로 천천히 위치 추적 지시에 따라 발걸음을 옮겨 숙소에 도착하니 아직 체크인(Check-in) 시간이 되지 않은 이른 시간인 까닭에 짐만 보관하고 곧바로 숙소 프런트에 구비된 시내 지도(City Map)를 챙겨 들고 구시가지(Old Town)로 향하였다. 아무래도 2박 3일의 일정으로는 빡빡할 것 같아서 구획을 나누어 구경하기로 하고 우선 걸어서 갈 수 있는 국립 박물관(National Museum in Warsaw)을 관람하였다. 서양의 고대와 중대에 융성했던 역사의 진수를 잘 이해하지는 못하였지만, 그 시대의 웅장함과 아름다움을 표출한 당시 사람들의 문화에 대한 공감은 감동을 느끼기에 충분하였다.

: 구시가지(Old Town)로 가는 길마다 있는 중세의 건축물과 교회 (Church of Holy Cross) 건물들은 한때 이곳이 번성했음을 보여 주고 있었다. 구시가지 중심 광장에 진입하니 거리가 형성된 지 700년이 되었다고 한다. 그 중심에 14세기에 세워진 왕궁(The Royal Castle)과 부속 박물관(Museum)에는 층마다 한 세기를 풍미했던 왕들의 호화스럽고 예술적인 장식품들과 애장품들이 그 격을 더하고 있었다. 대부분의 소장품이 19세기에 '러시아'로 갔다가 1918년에 돌아왔다. 제2차 세계대전으로 궁이 훼손된 후로 보수하여 1984년에 개장했다는 역사의 수난을 아름답고 예술적 진열품들은 알지 못하는 듯이 저마다 자태를 뽐내고 있었다. 특히 호화스러운 궁중 유물들과 17세기의 지구본에 표시되어 있던 지구 반대쪽에 있는 한반도에 대한 우스꽝스러운 표시가 오래도록 기억에 남을 것 같다. 구시가지 안은 수백 년의 세월에 걸쳐 조형된 건축물들을 에워싼 관광객들로 꽉 차 있었다. '비슬라(The Vistula River, Wisla)강'을 따라 남하하니, '반 여자, 반 물고기의 동상(Mermaid Statues, The Statues of Half Woman half fish)'이 여기서 여정의 마무리를 끝내도 좋다는 듯이 눈요기를 시켜 주었다.

(21) WARSZAWA(POLAND)⇨PRAHA(PRAGUE, CZECH REPUBLIC)

    2018년 8월 31일 19시 12분에 바르샤바역에서 출발한 기차는 다음 날인 9월 1일 8시 21분에 '프라하 중앙역(PRAHA HL. N, CZECH REPUBLIC)'에 나를 내려주었다.

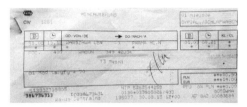

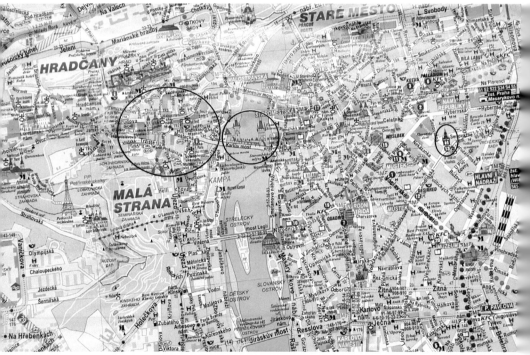

(22) PRAHA(프라하, PRAGUE, CZECH REPUBLIC)

역(驛) 구내에 있는 관광 안내소에서 시내 지도(City Map)를 구해서 펼쳐보니 볼 것이 너무 많아 약 4박 5일 정도의 시간이 필요할 듯했다. 그러나 이제 나의 여행 목표 중에서 3분의 1밖에 지나지 않았다. 그래서 앞으로 갈 길이 멀기에 오늘과 내일 이틀 동안만 나름대로 알차게 투어(Tour)하자고 계획을 세웠다.

✳ 첫째 날

: 오전 일찍 역에 도착하였기에 숙소는 나중에 정하기로 하고 여행 짐을 무인 물품 보관함에 넣고 카메라만 메고 시티 투어(City Tour)를 시작하였다.

지도에서 보니 시내 한가운데로 강(VLTAVA RIVER)이 휘돌아 흘러 두 구역을 나누고 있어 우선 역에서 가까운 강 안쪽의 구시가지를 오늘의 투어 장소로 선택하였다. 조금 걷다 보니 멀지 않은 곳에 고딕식 첨탑이 보이길래 찾아가 보니 오전인데도 그 주위가 관광객으로 북적인다. 그 첨탑(St. Henry's tower)은 약 10층 높이의 첨탑으로, '프라하(PRAGUE)'의 심장이자 전망대에서 시내를 관망할 수 있는 최고의 장소로 알려져 있다. 특히 이곳을 찾는 모든 사람에게 아름다운 볼거리의 외관과 마음의 평안을 준다고 소개하고 있었다. 나는 높은 곳에서 멀리 보는 것보다 그림 속에 와 있는 것만 같은 줄지어 선 알록달록한 옛 건물과 그 꼭대기마다 이야기가 있어 보이는 듯한 조각 창작품들에게 눈도장을 찍는 데 더 열을 올리다 보니 점심시간을 훌쩍 넘겼다. 옛것과 현대적 감각이 잘 어우러진 식당에서 식사와 레드 와인 한 잔으로 흥분을 가라앉혔다. 강 저쪽 언덕에 있는 옛 궁과 구시가지로 가는 다리(Karluv most)에 다다르니 무시무시한 죄형 박물관(Museum of Medieval Torture Instruments)이 나온다. 한참 관람할 것이냐, 말 것이냐를 강변 보호 턱에 앉아서 고민하다 지금까지 경험한 동유럽의 아름다운 추억을 깨기 싫어 포기하였다.

강 위로 유유히 떠다니는 유람선들과, 그 주위와 강변에서 노니는 백조들의 공연에 심취하면서 강을 따라 한참을 걷다가 잠깐 쉬는 사이에 관광 온 이탈리아 가족이 강과 저 멀리 다리 건너 언덕에 아름답게 펼쳐진 왕궁 건물들을 배경 삼아 가족사진을 찍어달라고 부탁한다. 흔쾌히 실력을 발휘하여 가족사진을 멋있게 찍어 주고 정말 그림 같다고 하니 이구동성으로 '헝가리의 부다페스트(BUDAPEST)'가 더 멋지다고 엄지를 치켜세운다. 그래서 나도 다다음 여행지로 그곳에 갈 것이라고 답하였다. 하루해가 지고 있었다. 강변에 비치는 갖가지 조형물이 수면 위에 아름답게 그려지고 있었다. 나도 쉴 시간이다. 저녁이 되니 길거리마다 옛 풍치와 어우러진 환락의 불빛이 관광객을 유혹한다. 장기간 여행의 여독에 시달린 나도 솔깃한 생각이 들긴 하지만 나의 여정에 없는 계획이라 마음을 다잡고 일찍 숙소로 돌아와 다음 날을 위한 꿈속으로 빠져들어 갔다.

: 항상 이동하기 쉽도록 중앙역 가까이에 숙소를 정한 탓에 시티 투어(City Tour) 출발 전에 다음 여행지인 '빈(비엔나, WIEN, AUSTRIA)'으로 가는 당일 23시 57분 기차표를 쉽게 예매할 수 있었다. 그런 후 전날 걸었던 익숙한 길을 따라 강(VLTAVA RIVER) 건너 고즈넉하게 언덕에 자리 잡은 또 다른 구시가지(HARDCANY, MALA STRANA)로 발걸음을 재촉하였다. 화강석으로 만들어진 운치 있는 아치형 다리(Karluv most)에 진입하니 벌써 관광객으로 발 디딜 틈이 없다. 저마다 강 또는 주변에 병풍처럼 펼쳐진 고풍스러운 건축물들을 배경으로 하여 사진을 찍어서 추억을 만드는 데 분주하다.

다리를 건너니 구시가지 초입에 시내 안쪽으로 만들어진 작은 수로를 따라 낮게 지어진 집에서 금방이라도 창문을 열고 아침 인사를 할 것만 같다. 역시 잘 깔린 스톤 블릭을 따라 나지막한 언덕에 지어진 왕궁과 부속 건물들을 천천히 감상하면서 걸었더니 눈도 고프고 배도 고프다. 그 맞은편의 얕은 언덕길에는 아마 옛날 화가와 문인들이 산책하던 길인 듯 대부분의 집이 나지막하고 고풍스러운 서양식 카페가 많아 나도 자리 잡고 빵을 곁들인 소고기와 샐러드에 진한 커피 한 잔으로 천천히 풍미를 즐겼다. 오후가 되니 구시가지의 중심이 되는 곳으로 엄청난 인파가 모여들었다.

길거리마다 개인 또는 소규모 집단의 공연자들이 관광객들에게 즐거움을 선사하고 우스꽝스러운 몸짓으로 강제성 없이 무언으로 공연료를 길바닥에 놓인 허름한 모자 속에 기부하라고 한다. 짧은 시간이었지만 과거의 시간과 색다른 문화의 공감을 체험했으니 이제는 다음 여행지로 가야 한다.

(23) WIEN(빈, 비엔나, AUSTRIA)

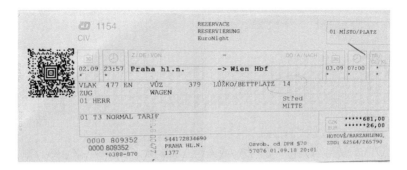

2018년 9월 2일 23시 57분에 '프라하 중앙역(Praha hl. n.)'에서 출발한 기차는 약 7시간 정도를 걸려 9월 3일 7시에 '오스트리아 빈(Wien Hbf)역'에 도착하였다. 역시 숙소는 역 부근에 정하였다.

※ 첫째 날

: 가면 갈수록 많은 유럽 역사의 진면목(眞面目)을 접할 수는 있으나, 짧은 여행 계획으로는 '수박 겉핥기'식이라 어떻게 일정을 짜야 하는지 고민을 많이 해 봤다. 솔직히 나는 종교인이 아니라 대부분의 고대·중세의 대성당과 교회 내부는 관람하지 않고 예술적인 건축물들의 외형에 대한 시각적인 관찰과 그 부속으로 있는 조각 예술품들에 대한 약간의 이해로 여행을 해 왔고 앞으로 수없이 방문해야 할 국가들 또한 서양 문화권이라서 그 범주를 못 벗어날 것 같았다. 이곳 '빈(WIEN, 비엔나, VIENNA CITY)' 또한 여기의 문화를 어느 정도 이해하려고 하면 족히 일주일은 체류해야 할 것 같았다.

특히 유럽의 고전 음악에 대해 문외한인 나는 소싯적에 '천재음악가 모차르트(Mozart)'는 익히 배워서 알지만, 그의 인생이 담긴 예술적 음악에 대해서는 무지에 가까워 '모차르트 하우스(MOZART HAUS, WEIN

MUSEUM MOZARTWOHNUNG)' 방문과 고전 음악을 이해하는 사람들에게는 환상적인 경험이라는 '비엔나 모차르트 오케스트라(Wiener Mozart Orchester)'의 공연 관람은 엄두도 못 내고 단지 사람들 발길이 많이 닿는 곳에 세워진 '모차르트 기념 동상' 앞에서 역사적 인물 앞에 서 있다는 것만으로 나의 역사를 만들었다.

시내 관광버스(Hop On-Hop Off)를 이용하면 코스에 따라 많은 곳을 경유할 수 있지만, 발걸음이 닿는 곳마다 너무 고전적이고 예술적인 흥분이 일어나 마냥 걷는 것이 좋았다. 박물관(Museums-Quartier) 운집 거리에 다다르니 여기저기 건물마다 종합 박물관의 집결지다. 내가 조금이라도 이해할 수 있는 곳은 역사박물관이다. 내일 관람하기로 예정하고 숙소로 돌아가는 길에 관광객들을 위한 자그마한 식당이 모여 있는 거리에서 약 한 달 만에 쌀밥과 중국식 만찬을 즐겼다.

: 유럽 지역에서는 여행자가 선택하는 숙소인 호텔, 유스 호스텔, 게스트하우스 등의 대부분이 아침 식사로 빵, 수프 등과 함께 약간의 채소를 제공한다. 식사를 마치고 서둘러 왕궁 박물관(Imperial Apartments Sisi Museum and Silver collection)으로 직행하여 개장과 동시에 입장 및 관람을 하였다. 보는 것마다 소장하고 싶고 왕족들의 호화스러운 애장품들로부터 숨어 있는 이야기들이 들려오는 듯한 환상에 잠깐씩 발걸음을 멈추곤 했다. 이미 여러 나라의 박물관을 관람한지라 기억 속에 꽉 채우기에는 무리였으나 나름대로 의미를 음미하며 배고픈 줄도 모르고 열심히 그리고 천천히 발걸음을 옮겼다.

아쉬운 여운을 남기고 박물관에서 빠져나와 대성당(Stephansdom, Katedra. Sw. Szczepana)으로 가는 길로 들어서며 신식 식당에서 햄버거로 허기진 배를 채웠다. 오후인지라 장대한 대성당 주위의 광장은 정말 인산인해(人山人海)였다. 한국 관광객, 중국 관광객, 그 외 다른 나라의 관광 팀들이 무리를 지어 자국의 전문 관광 해설사의 설명을 경청하고 있지만, 설명이 끝나자마자 기다렸다는 듯이 모든 사람이 끼리끼리 또는 혼자만의 독특한 포즈로 인증 사진 찍기에 더 열심인 것처럼 보인다. 나도 혼자지만 조력자를 애걸하여 인증 사진을 빠뜨리지 않고 남겼다.

(24) WIEN(AUSTRIA)⇨BRATISLAVA(SLOVAKIA)

오스트리아와 슬로바키아 두 나라 사이에는 'OBB'라는 기차가 하루에도 수십 차례 운행한다. 소요 시간은 약 1시간 10분 정도다. 2018년 9월 5일 12시 16분에 빈(WIEN)역에서 출발한 2516번 열차는 이웃 나라인 '슬로바키아(SLOVAKIA)'의 수도인 '브라티슬라바(Blatislava hlavna stancia)역'에 당일 13시 22분에 도착하였다.

(25) BRATISLAVA(브라티슬라바, SLOVAKIA)

역(驛) 출입구를 빠져나오니 "Little Big country."라며 "'슬로바키아'에 온 걸 환영한다(Welcome to Slovakia)."라는 로고가 나를 반기고 있었다. 한 나라의 중심 역이지만 시골의 자그마한 역에서 느껴질 법한 정취가 느껴진다. 역시 시내 지도를 펼쳐 봐도 구시가지가 마치 읍성(邑城)인 양 아담하다. 한참을 걷다 보니 브라티슬라바성(城)에 도착하였는데 외세의 침입을 막기 위한 것보다 생활자들이 성안에 터를 잡을 수 있도록 하기 위한 보호막으로 건축되었다는 느낌이 든다. 성벽을 따라 걷다 보니 전시관이 나온다. 박물관이라 하기에는 규모가 작은데, 전시물 중에서 전기 철기 시대에 '다뉴브강(THE DANUBE RIVER)'에 생활 터전을 잡은 이곳 고대인들의 생활 토기품들은 흡사 우리 철기인들의 토기 작품들과 흡사해 보였다. 15세기에 형성되었다는 올드 타운 홀(The Old Town Hall) 방향으로 발길을 옮기니 중심에 통과할 수 있는 고딕(Gothic)식 망루(St. Michael's Gate)를 거치면 넓지 않은 주위에 온통 고딕식 교회 건축물(St. Martin's Cathedral, Franciscan Church 등)들이 5, 6개 정도 자리 잡고 있어서 그다지 멀리 가지 않아도 그들의 신(神)과 인간이 쉽게 소통해 왔으리라 생각해 볼 수 있었다. 다뉴브강 건너편에는 약 95m 높이의 UFO 관망대(UFO Observation deck)가 있는데, 외계인이 타고 온 비행접시(UFO) 모양이라 갑자기 시대를 15세기에서 미래로 건너뛴 듯한 생소한 느낌이 든다.

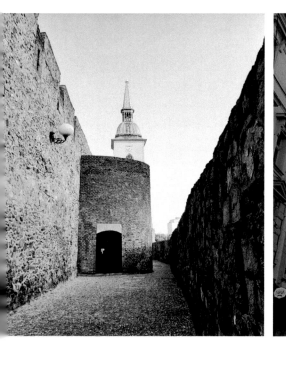

(26) BRATISLAVA(SLOVAKIA)⇨BUDAPEST(HUNGARY)

　'브라티슬라바(Bratislava hlavna stancia)역'에서 '헝가리'의 '부다페스트' 중앙역까지는 약 4시간 정도 소요된다.

(27) BUDAPEST(부다페스트, HUNGARY)

✵ 첫째 날

　: 2018년 9월 6일 오후 4시경에 도착한 후 숙소에서부터 해 질 무렵까지 약간의 시간이 있어 혼잡한 시내 길을 따라 걸어가니, 예스러운 건물들에 은행이며, 식당이며, 카페 등이 잘 어우러져 있어 눈요기를 실컷 하고 입구가 고풍스러운 식당을 찾아서 소고기와 수프, 채소, 빵 등을 곁들여 맥주 한 잔으로 이곳에서의 여정을 시작하였다. 해가 뉘엿뉘엿 넘어갈 무렵, 두나강(DUNA RIVER, DANUBE RIVER) 강변에 자리 잡고 있는 정교하고 웅장한 국회의사당 건축물(Parlament) 쪽으로 가니 아름다운 불빛을 받아 자태를 뽐내고 있었고 뒤편의 두나(다뉴브)강 위에 비치는 야경 또한 아름다움을 선사하고 있었다.

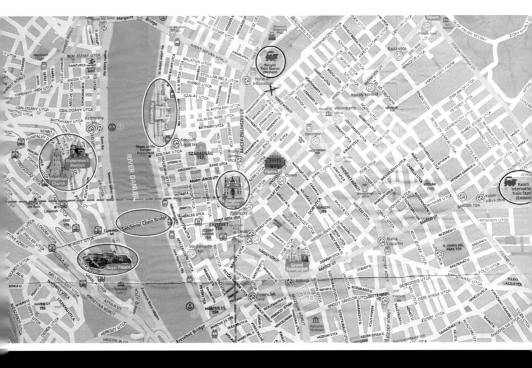

※ 둘째 날

: 오늘 여정은 부지런히 발품을 팔아야 할 것 같아 아침을 조금 든든히 먹고 운동화 끈을 질끈 단단히 묶은 후, 필수품인 시내 지도(City Map)와 카메라만 메고 지도를 따라 '다뉴브(DANUBE RIVER)강' 쪽으로 방향을 잡았다.

어제의 흐릿한 기억과 달리, 강변에 있는 정교하고 웅장한 국회의사당 건물(Parliament)이 아침 햇살을 받으며 나를 반겨 주었다. 천천히 고딕(Gothic)식 건축물을 감상하며 뒤쪽으로 발걸음을 옮기니 다뉴브강을 품은 저 멀리 높은 언덕에 웅장한 왕궁(Royal Palace)과 주위의 부속 건축물들이 위용을 뽐내며 서 있다. 벌써 나의 발걸음은 강변을 거슬러 속도를 재촉하고 있었다. 왕궁으로 가는 길인 만큼 강을 건너는 다리 입구(Szechenyi Chain Bridge)도 웅장하다. 입구에 용맹스러운 사자의 석상이 그 의미를 더하고는 있으나 짐작건대 철 구조물들이 개선문 모양의 구조물과 어우러져 있는 것으로 보아 그리 멀지 않은 시기에 개보수가 된 것 같다. 다리를 건너니 왕궁터의 위치가 상당히 높은 곳에 있었다. 가는 방법이 여러 가지가 있어 보였으나 나는 6명 정도의 인원을 태우는 버스(Budapest Castle Bus)를 이용하기로 하였다. 안내를 겸한 운전자에게 나를 안내할 필요는 없고 돌아오는 코스까지 데려다줄 필요도 없이 관광하기 제일 높은 위치에만 내려주면 쉬엄쉬엄 알아서 스스로 관람하며 내려오겠다고 하니 7유로를 내라고 한다. '겔레르트' 언덕 오르막길은 이곳을 오르는 버스조차도 헐떡거리는 듯하니, 그 옛날에 사람들이 숨을 고르며 왕을 알현하러 가려면 꽤나 힘들었을 거라는 생각이 들었다. 그러나 주위를 따라 잠깐 쉴 수 있는 공간들이 많아서 지치지는 않았을 것 같다. 버스는 나의 요구대로 가장 꼭대기에 있는 '부다 타워(Buda Tower, Maria Magdalena Tower)' 앞에 나를 내려주었다. 건물이 을씨년스럽기는 하지만 부다페스트에서 최고로 오래된 건물 중의 하나다. 약 600년의 역사와 종루에 종(Bell)이 설치된 고딕(Gothic)식 교회 건물로 제2차 세계대전 이후로는 교회로 사용하지 않고 전시실만 운영하고 있다고 한다. 그 뒤편의 '부다 언덕(Buda hills)'에서 바라보는 눈 아래의 그림은 장관이지만, 터키 제국(The Turkish Empire)으로부터 국권을 되찾은 후로 국기(國旗)가 그 자리에서 약 150년 동안 굳건히 자리를 지키며 굽어보고 있었다는 설명에 우울함이 교차한다.

발걸음을 천천히 잘 다듬어진 언덕길 아래로 옮기니 '마티아스 교회 (Matthias Church)' 건물과 '부다페스트' 시내와 다뉴브강의 아름다운 조화를 눈 아래 볼 수 있고 헝가리인들이 사랑하는 '어부의 요새(Fisherman's Bastion)'에 이르렀다. '마티아스 교회(Matthias Church)' 건물은 원래 11세기 경에 '로마네스크(Romanesqure style)' 방식으로 지어졌는데 14세기 중반에 고딕(Gothic)식으로 재건축되고 19세기까지 변화를 거듭했다고 하는데 나에게는 독특한 모양이라 눈길이 쉽게 떼어지지 않았다. 마침 근처에 뷔페식 식당이 있어 음식과 커피로 몸을 재충전하였다.

궁터를 둘러싼 성벽 길을 따라 그 안쪽으로 지금은 역사가 지워진 사람들의 오래전의 흔적들을 황량하게 곁눈질하며 한참을 에둘러 내

려오니 왕궁(Royal Palace) 앞 광장에 다다랐다. 마침 시간이 오후 늦은 시간이라 헝가리언 국립 갤러리(Hungarian National Gallery)는 입장을 못 하였고 광장을 가득 메운 인파들을 헤치고 옆 사람들의 조력을 받아 눈 아래로 펼쳐지는 다뉴브강과 배후에 수없이 우뚝 솟은 고딕식 건축물들을 배경 삼아 열심히 인증 사진을 찍으니 내 역사의 한 장면도 막을 내리고 있었다. 원래의 자리로 돌아오는 내내 걸었다. 기차역에 들러 다음 여행지인 '루마니아(ROMANIA)'의 수도 '부쿠레슈티(BUCUR-ESTI)'로 가는 기차표를 예매하였는데 출발지가 시내에 있는 다른 역이고 '루마니아'의 중간역인 '브라쇼브(BRASOV)역'에서 갈아타야 수도인 '부쿠레슈티(BUCURESTI)'까지 갈 수 있다며 두 종류의 표를 준다.

: 오늘은 나머지 강(DANUBE) 안쪽을 유람할 예정이라 손쉬워 보여 부지런히 움직이지 않아도 좋을 듯하여 발길 닿는 대로 움직였다. 기념품 상점들이 몰려 있는 곳에 있는 오래된 장난감(Olden-day Toy's) 전시장이 색다른 볼거리를 제공한다. 사람들이 많이 모인 곳으로 이동하니 고딕식 교회(St. Stephen's) 앞에 각종 여행자 그룹이 무리 지어 모여 있었다. 어떤 단체는 실내 스카이다이빙(Indoor skydiving)장으로, 어떤 무리는 일명 퀵 보드 투어(Segway tour)로, 또한 자유 투어는 각종 모양의 깃발 앞에 나름대로의 여행을 위해 옹기종기 모여 있었다. 대부분 가족이나, 친구들이거나, 연인 사이인지 연신 웃음이 끊이지 않는다. 나는 철저히 혼자이다. 걷다가 지치면 커피 한 잔을 위해, 또는 맥주 한 잔을 위해 쓸쓸히 카페를 찾는다. 오늘 2018년 9월 8일 17시 40분에는 '부다페스트-켈레티(BUDAPEST-KELETI)' 기차역에서 출발하여 '루마니아(ROMANIA)의 브라쇼브(BRASOV)역'을 경유하여 수도인 '부쿠레슈티(BUCURESTI NORD, ROMANIA)역'까지 가는 야간열차를 타기 위해 걸어서 20분 거리에 있는 다른 기차역으로 향함으로써 이곳에서의 흥분의 여정을 끝마쳤다.

(28) BUDAPEST-KELETI(HUNGRY)⇨BRASOV(ROMANIA)⇨ BUCURESTI

2018년 9월 8일 17시 40분, '부다페스트'에서 나를 태운 국제 야간열차는 우선 '루마니아'의 중부도시인 '브라쇼브(BRASOV)'에 9월 9일 9시 57분에 나를 내려주었다.

유럽 지역에서의 야간열차는 언제나 침대칸 1층을 이용하였다. 차량마다 승무원이 있어서 승차 시에 표를 회수했다가 정확하게 목적지에 맞춰 안내하고 기차표를 되돌려 준다.

'헝가리' 출국 심사와 함께 앞에 여행했던 모든 나라와 똑같이 무비자 입국으로 '루마니아' 입국 심사도 기차 안에서 대한민국의 위상으로 쉽게 여권에 입국 허가 인장을 받았다. 잠시 역내 카페에서 점심과 커피로 휴식을 취한 후 당일 13시 10분에 '브라쇼브(BRASOV, ROMANIA)'에서 출발한 국내선 기차는 '루마니아'의 수도인 '부쿠레슈티(BUCURES-TI NORD)'역에 당일 16시 32분에 나를 내려주었다.

(29) BUCURESTI(BUCHAREST, ROMANIA)

✴ 첫째 날

: 기차로 장기여행을 하다 보니 숙소 예약에 곤란을 겪어 조금 걱정했으나 다행히도 역 주위에 있는 아담한 호텔을 쉽게 발견하여 들어가니 안내하는 아가씨가 한국 여권을 보더니 친절하게 체크인을 도와줄 뿐만 아니라 이곳에서의 투어(Tour)도 시내 지도를 보여 주며 자세하게 안내해 주었다. 과히 볼거리는 많지는 않아 보이나 호텔이 분위기도 좋고 가격도 적당하여 조금 쉴 겸 2박 3일을 숙박하기로 하고 돈을 지불하였다. 나는 항상 주머니에 신용카드와 현금 카드를 1장씩 소지하면서 여행 중에 적은 액수는 가급적 현금 카드로 현지 돈을 인출해서 쓰곤 해 왔다. 특히 분실 및 도난의 경우에 현금 카드는 비밀번호를 모르면 쓸 수 없고 신용카드는 즉시 정지 신청을 하면 우선 급한 불을 끌 수 있다. 또한, 카드를 사용하면 항시 어디에서나 사용처 및 액수를 스마트폰을 통해 알려 준다. 호텔에 있는 조그만 바(BAR)에서 맥주로 장시간 달려온 기차 여행의 여독을 풀었다.

✴ 둘째 날

: 아침 날씨가 쾌청하다. 호텔에서 알려준 대로 조금 걸으니 상쾌한 공원(Gradina Cismigiu, Cismigiu Garden)에서 흰색, 검은색 고니들과 원앙들이 잔잔한 호수 위에서 어우러져 아침 운동을 하고 있어 나도 넓지는 않지만, 주변이 잘 가꾸어진 호숫가를 따라 도심 속에서 신선한 공기를 마시면서 한 바퀴를 돌았다. 한쪽에 있는 우리 속에서는 이곳에서 자생하는 공작들이 아름다운 자태로 아침 기지개를 켜며 나를 반겨주고 있었다.

한층 가벼워진 발걸음으로 왕궁과 국회(Place of Pariament) 건물 쪽으로 향했으나 이곳은 고도시(古都市)보다는 현대적인 냄새가 강하다. 역사의 소용돌이 속에서 역사적인 건물들이 많이 파괴되었다고 하며 1970년대 후반에 지진으로 더 많은 유산이 역사의 뒤안길로 사라졌다고 하니 불만을 토로할 수가 없을 것 같다. 그래도 '스타브로 포레오스 교회(Monastery Stavrop-Oles)' 건물이 유일하게 볼거리를 주는지라 그 주변에는 관광객이 제법 많다.

내친김에 '동쪽의 파리'라 불리는 구시가지(Old Town)로 옮겨가니 좁다란 구시가지 양옆으로 식당들, 아니, 유럽식으로 카페라고 표현하는 것이 더 운치가 있어 보이는 가게들이 유람하는 손님을 부르고 있었다. 나도 자리를 잡기 위해 이곳저곳을 기웃거리는데 야외 한쪽에 한국인인 듯한 젊은 두 사람이 앉아 있길래 다짜고짜 한국어로 국적을 물어보니 '한-루마니아' 우호 교류로 우리나라의 풍물 공연을 하기 위해 왔다고 한다. 맥주 한잔을 벗 삼아 오랜만에 정다운 우리말을 들어보았다.

PART 2

4. 발칸반도에 가다
5. 중부 유럽을 향하여

4.

발칸반도에
가다

(30) BUCURESTI NORD(ROMANIA)⇨SOFIA(BULGARIA)

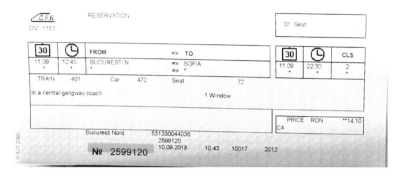

  2018년 9월 11일 12시 45분에 '부쿠레슈티(BUCURESTI NORD)역'에서 출발한 국제열차는 9월 11일 22시 30분에 소피아(SOFIA, BULGARIA) 기차역에 도착하였다. 역시 국경 지역을 통과할 때도 기차 안에서 무비자 입국으로 입출국 수속이 쉽게 이루어졌다.

(31) SOFIA(소피아, BULGARIA)

  9월 12일 아침, 이곳의 기온도 초가을 날씨답게 쌀쌀해서 긴 팔의 옷이 필요했다. 이곳 '소피아(SOFIA)'는 발칸반도에 위치한 '불가리아(BULGARIA)'의 서울로, 동유럽에서 가장 오래된 도시라고 한다. 그래서 그런지 장구한 역사의 소용돌이 속에서도 의연함을 지키고 있는 건물들이 눈을 호강시켜 주었다. 국립갤러리(The king's Palace, The National Gallery) 건물 앞을 지나서 조금 걷다 보니 웅장해 보이면서도 눈에 익숙지 않은 양식(樣式)의 '알렉산드르 네프스키 대성당(St. Alexander Nevski)' 건물이 눈에 확 띈다. 안내 책자에서는 1882년에 짓기 시작해서 1912년에 완공된 비잔틴 복고 양식의 건물이라 소개하고 있지만, 여행자인 나는 정확히 어떤 특색의 예술성을 가진 건축물인지 잘 모른다. 단지 러시아 황제의 이름인 '알렉산드로 2세(St. Alexander Nevsky)'의 이름을 따라서 이름을 지었다는 것과 그 역사적 배경은 러시아-튀르크 전쟁 당시 '불가리아'의 독립을 위해 참전한 약 20만 명의 러시아 군인들을 기념하기 위해 건축되었다는 책자의 설명에 씁쓸한 맛이 든다.

이런 생각에 잠겨 다른 곳으로 이동하니 다른 경험을 하게 되었다. 4세기경의 초기 크리스천(Early Christian)들의 활동 무대였다는 붉은 벽돌로 지어진 '조지 교회(Church of St. George)' 건물과 오랜 흔적이 남아 있는 주위의 터를 보니 이제서야 장구한 역사의 이야기를 들을 수 있었다. 그러나 뭐니 뭐니 해도 '불가리아' 하면 장수 식품인 요구르트(Yoghurt)가 제일 유명하지 않겠는가? 찾아간 식당의 메뉴에도 요구르트가 있어 간단한 음식과 함께 주문하여 챙겨 먹고는 바로 이웃한 '스탬보로이(St. Stamboloy)' 거리에 있는 전통시장을 찾았다. 우리네의 1970~1980년대의 시장 풍경을 보는 듯한 아련한 추억 속에서 발길 닿는 대로 걷다가 직접 만들어서(Hand-made) 파는 생활 도자기 용품 가게 앞에 멈추어 섰다.

옛날 도자기를 좋아하는 나를 유혹한 건 천연 안료와 장작 가마에서 구운 작품들이었다. 불가리아 방문 기념으로 아주 작고 화려한 문양이 새겨진 찻잔용 도자기 2개를 구입하였다.

(32) SOFIA(BULGARIA)⇨THESSALONIKI(GREECE)

　9월 13일 12시 40분경에 '소피아'에서 출발하여 '그리스'의 '테살로니키 (THESSALONIKI)'로 가는 국제열차에 승차하였다. 그런데 내가 탄 차 한 량이 국제 전용 칸인 모양인데, 승객이 나를 포함해서 총 8명이었 다. 그중에는 나이 지긋한 한국 여자 선교사분도 계셨는데 그리스의 '아테네(ATHINAI)'까지 가신단다. 나도 수도인 '아테네'까지 가고 싶었지 만, 다음 여행지인 '마케도니아(FYR MACEDONIA)'나 '알바니아(ALBA-NIA)'에 기차로는 갈 수가 없어 행선지를 '테살로니키(그리스)'로 선택한 것이었다. 열차는 국제열차라 말하기에는 너무 볼품없었다. 더 황당한 일은 '쿨라타(KULATA, BULGARIA)'라는 역에서 벌어졌다. 승무원이 승 객 8명을 전부 하차시키고 타고 온 기차를 끌고 유유히 다른 곳으로 사라지는 것이 아닌가. 그리고 정상적인 역사(驛舍)도 아닌지, 옆 샛길 로 나가더니 기다리고 있는 버스를 타라고 한다. 모두 이런 일이 처음 인지 의아한 표정들이다. 출국 감시원인 듯한 정복의 공무원과 동승하 여 양쪽 나라의 출입국 사무소에서 간단히 수속을 마치고 지근거리에 있는 '그리스'의 '스트리몬(STRIMAN)역'에 모두를 내려 주더니 '아테네'로 가는 열차를 타라고 했다.

　황량한 역 안쪽에서 약 1시간 30분 정도 기다리니 저 멀리서 우리를 태울 기차가 헐떡거리며 달려오고 있었다. 그리하여 '테살로니키역'에는 늦은 저녁인 20시 35분경에 도착하였다.

(33) THESSALONIKI(GREECE)

❋ 첫째 날(2018년 9월 14일)

: 아무래도 다음 여행지로 가는 국제열차 편이 없을 것 같아 숙소 호텔 직원에게 나는 꼭 기차를 이용해서 이웃 나라로 가야 한다고 이야기하니, '아테네'로 가는 중간역인 '타리사(TARISA)'로 가면 이웃 나라인 '알바니아(ALBANIA)'의 '티라나(TIRANA)'로 갈 수 있다고 하여 희망에 들떠서 '테살로니키역'에서 '타리사'로 향하였다. 나를 태운 기차가 1시간쯤 신나게 갔을까? 어느 역에 정차한 기차가 약 1시간 동안 더 이상 움직이지 않았다. 하도 답답하여 주위에 물어보니 다음 열차의 승객과 합쳐서 가야 하기에 기다리는 중이라는 웃지 못할 이야기를 듣게 되었다. 그리하여 예정된 도착 시각보다 약 2시간 정도 더 걸려 도착하였다. 불안감을 느끼며 즉시 매표소에 가서 다음 여행지인 '알바니아(ALBANIA)'행 기차표를 물어보았는데 단호하게 "No Have."라고 대답한다. 아마 이전에는 있었는지는 몰라도 이웃 나라 간에 서로 왕래하는 승객이 없어 오래전에 운행을 폐쇄한 것 같았다. 그러면서 '테살로니키역'에서 역시 이웃 나라인 '마케도니아(FRY MACEDONIA)'의 '스코페(SKOPJE)'까지는 갈 수 있다며 빨리 되돌아가는 기차표를 구매하란다. 지금 기차를 놓치면 다음 열차는 '테살로니키'에 너무 늦게 도착한다고 말해 주면서 불안해 보이는 외국인 여행자를 배려해 주었다. 결국, 다시 '테살로니키'로 돌아왔다. 좀 더 정확하게 정보를 확인할 필요가 있고 다소 불편하더라도 지속해서 물어보는 습관이 남은 여행 동안 필요하다고 자책해 본다. 다음 여행지로 결정한 '스코페(SKOPJE, FRY MACE-DONIA)'로 가는 다음 날인 2018년 9월 15일 18시 20분에 출발하는 기차표를 손에 쥐고, '여행이 이런 흥분의 맛도 있구나' 하며 무의미한 하루를 마감했다.

: 당일 예정된 기차 출발 시각까지 충분한 여유가 있어 시내 투어를 일찍 시작하였다. 튼튼한 발이 있어 도시의 중심이라는 아리스토텔레스(Aristotelous) 광장으로 힘차게 전진하였으나 아직 주위는 '테살로니키'의 명성에 어울리지 않게 현대판이다.

이 도시는 그리스에서 두 번째로 큰 도시로 그 역사가 기원전 315년으로 거슬러 올라가서 고대 마케도니아 왕(The King of Macedonia) 때 조성되었다고 한다. 성급하게 기대하지 말자고 다짐하며 인내심을 갖고 전면이 바다로 확 트인 잘 정돈된 경사진 해변 쪽으로 이동하니 저 멀리 그 역사를 자랑하듯이 바닷가에 망루가 고고히 서 있는 것이 보였다.

망루의 이름은 '레프코스 피르고스(Lefkos pyrgos)'라고 한다. 일명 '흰색 망루(White Tower)'라고 여행자들에게 소개되고 있었다. 한때는 악명 높은 감옥(Prison)으로 이용되었으나 현재는 이 도시의 역사 전시실로 운영되고 있다고 한다. 바닷가에 의연하게 서 있는 자태를 보니 그림에나 나올 법한 그 느낌을 그대로 가져가고 싶었다.

방향을 다시 야트막한 언덕 쪽으로 하여 올라가 보니 현대식 아파트들의 코앞에 상당히 오래되어 보이면서도 그리 장대하지 않은 개선문이 주위 배경과 어울리지 않게 자리 잡고 있었다. 그 이름은 '갈레리우스(Kamara-Arch of Galerius)' 개선문이고 정교하게 조각된 아치형 건축물이다. 3세기 전반에 '갈레리우스 황제(The emperor Galerius)'에 의해 로마군의 전쟁(Wars of the Roman army)에서 페르시안 군단(The Persian troops)에 승전한 기념으로 세워졌다고 하니 그 유구한 역사를 가늠하기가 쉽지 않다. 그 외에도 오래된 비잔틴(Byzantine) 시대에 건립된 '아기아 소피아 교회(Agia Sophia Church)'와 여기서 가장 오래되었다는 '파나기아 아체이로프토스 교회(Panagia Acheirophtos Church)' 및 오랜 종교적 이야기를 품은 '아기오스 조지오스 교회(Agios Georgios Church)' 등이 유구한 역사를 자랑하고 있었으나 여행자는 그 종교적 깊이를 몰라 오로지 한 편의 추억용 사진에 그 의미를 두었다. 마지막 여행지로는 유서 깊은 고대인들의 소통의 장소였을 '로만 아고라(Roman Agora)' 터 주위를 배회하며 고대인들은 어떤 고민을 풀어냈을까 상상하며 18시 20분에 '마케도니아'의 수도인 '스코페(SKOPJE)'로 출발하는 국제열차를 타기 위해 넉넉하게 기차역에 도착하였다.

(34) THESSALONIKI(GREECE)⇨SKOPJE(FYR MACEDONIA)

  혹시나 기차를 놓칠까 싶어서 확인을 위해 표를 구매한 창구에 예매한 표를 보여 주니 역 출구 바로 옆에 있는 버스 정류장으로 가라고 한다. 역무원의 지시에 따라 이동하니 대강 열댓 명의 외국인 관광객들처럼 보이는 승객들이 개인 짐을 화물칸에 넣어 두고 차에 오르면서 여권과 기차표를 차장인 듯한 남성에게 주고 자리에 앉는다. 나는 의심스러운 눈초리로 차장인 남성에게 기차표를 보여 주니 곧 출발한다고 빨리 타라고 한다. 여기서 대강 눈치를 챘다. 바로 뒷좌석에 앉은 독일인 관광객으로부터 국제열차로 이동하는 손님이 없어서 '그리스' 국경까지는 버스로 이동한 다음 국경을 통과하고 다음 나라인 '마케도니아'의 국경 역에서부터는 기차로 '마케도니아'의 수도인 '스코페'까지 가야 한다는 설명을 들었다. '마케도니아' 입국 시에는 차장인 듯한 남성이 입국 절차를 밟기 위해 여권을 전부 걷어서 가지고 갔는데 뒤에 앉은 독일인 관광객은 아직 '마케도니아'는 유럽연합(EU) 소속국이 아니라서 입국 비자가 걱정된다며 한국인은 어떠냐고 물었다. 단언할 수 없지만 우리는 무비자 입국이 가능하다고 설명해 주었는데 그 독일인 관광객은 곧 출입국 사무소에서 호출을 받고 잠시 하차하였다. 한참 후에 여권을 들고서 환하게 웃으며 자리에 앉는다. 대한민국의 위상을 실감하는 대목이었다. 그러면서 이후의 모든 나라에 대한 무비자 입국의 두려움이 싹 사라지고 있었다. 약 5분여를 더 가서 우리를 태운 버스는 칠흑 같은 어둠 속에서 미로처럼 느껴지는 기차 철로 변에 우리를 내려놓고는 저 멀리 눈앞에 보이는 뒷부분의 객차가 탁 트여 있는, 마치 1970년대 우리나라 통학 기차처럼 보이는 열차에 빨리 타라고 한다. 승객은 우리뿐이다. 모두 짐들을 끌고 무슨 이름의 역인지도 모르는 채로 기차를 놓칠까 봐 서둘렀다. 서로 공감했는지 같은 칸에 모두 동승하고는 허름한 침대칸을 같이 배정받았다. 주위의 허름한 건물 사이로 '마케도니아' 국기가 어둠 속에서도 어슴푸레하게 눈에 들어오니 확실히 '마케도니아'라는 생각에 안심이 된다. 열차는 느리게 밤새 달려 다음 날 아침 일찍 '스코페역'에 우리를 내려놓았다. 모두 무언의 인사를 나누고 각자의 목적지로 떠났다.

(35) SKOPIJE(FYR MACEDONIA)

'마케도니아'라는 이름은 학창시절 서양(西洋) 역사(歷史) 수업 시간에 귀가 뚫어져라 듣고 배웠던 터라 상당한 기대감을 가진 채로 호텔에서 가르쳐준 길로 여행을 진행하였다. 고대 로마 시대에 건설되었다는 도시는 시내의 중심을 흐르는 천(川)의 양옆으로 형성된 그리 크지 않은 규모로 보였다. 그런데 곳곳에 조각 건축물들이 엄청 많다. 그러나 실망스럽게도 눈에 보이는 조각 건축물들은 예술성은 있어 보이나 이곳 역사의 문외한인 나에게도 모든 작품이 만들어진 지 얼마 안 되어 보여서 무척 혼란스러웠다. 물론 나름의 역사와 의미성은 있겠지만 그동안 거쳐온 나라들이 가지고 있는 역사의 진정성을 생각해 봤을 때 '마케도니아'라는 명성에 의심이 들었다. 시내를 한 바퀴 돌아보아도 오전 시간 한나절이면 충분하다.

그나마 구시가지(Old Bazaar)인 듯한 좁은 길에 약간의 역사적인 흔적이 남아 있고 그 뒤로 높지 않은 오래된 듯한 성(城)벽이 한눈에 들어오니 다행이었다.

아무튼, 여행자의 무지라고 치부하고 다음 여행지로 향할 준비를 하기 위해 새벽에 도착한 기차역으로 돌아갔다.

그런데 문제가 생겼다. 스코페(SKOPJE)에서 베오그라드(BEOGRAD, SERBIA)로 가는 국제열차는 있으나 그 외의 주변국으로 가는 열차 노선이 없다는 것이다.

즉, '프리슈티나(PRISTINA, KOSOVO)', '포드고리차(PODGORICA, MONTENEGRO)'와 '티라나(TIRANA, ALBANIA)'로 갈려면 버스(Bus)로 이동해야 한다. 할 수 없이 3개국은 육로인 버스로 이동하고 마지막 국가의 수도인 '티라나(TIRANA, 알바니아)'까지 가서 그곳에서 다시 '스코페'로 이동한 후에 '베오그라드'로 가는 국제열차를 이용한 여행을 하기로 결정하였다. 이곳은 구조가 기차역 중심이 아닌 듯 바로 옆 버스 정류장이 제법 크다. 2018년 9월 17일 10시 10분에 '프리슈티나(PRISTINA, 코소보)'로 출발하는 버스표를 예매하였다.

(36) SKOPJE(FYR MACEDONIA)⇨버스(BUS)⇨
　　PRISTINA(KOSOVO)

　'프리슈티나(코소보)'로 가는 10시 10분 버스를 타기 위해 버스 정류
장에 도착하니 승객들이 전부 외국 관광객이고 동양인(東洋人)도 두 사
람 있어 국적을 물어보니 중국인(中國人)이란다. 나이도 비슷해서 금방
일행이 되었다. '마케도니아' 국경까지는 자주 정차하여 내국인들을 태
우고 내려 주나, 국경을 통과할 때는 외국인만 남았다. 가는 길은 험하
고 구불구불한 깊은 계곡으로 난이도가 높은 고속도로 건설과 기존
철도 보수공사가 대대적으로 이루어지고 있었다. 나는 물론 무비자로
통과하였고 중국인들도 무사히 '코소보(KOSOVES)'를 통과하였다.

(37) PRISTINA(프리슈티나, KOSOVO)

　'프리슈티나'에 도착한 후에 일행이 된 중국인들과 같은 숙소로 향하는 번화가 길에서 하교 중인 고등학교 여학생들이 우리를 발견하고는 한국 사람이냐고 묻는다. 일행 중의 한 명이 나를 가리키며 한국 사람이라고 말하니 몇 명의 여학생들이 내 주위에 우르르 모여들면서 사진을 함께 찍자고 한다. 몇몇 여학생은 'K-Pop'을 너무 좋아한다며 주위의 시선에도 아랑곳하지 않고 약간의 춤을 선보인다. 약 6~7년 전에 배에서 승선 업무를 하면서 북아프리카 '튀니지'의 '스팍스(SFAX)'라는 곳에 기항한 적이 있었는데 그때도 하굣길의 학생들에게 둘러싸여 수많은 K-Pop의 엄지를 선물로 받고 연예인은 아니지만, 유명 사진 모델이 되었던 기분 좋은 추억이 떠올랐다. 숙소로 정한 곳이 일명 구시가지(Old Town)에 있어 여장을 풀고 거리로 산책하러 나갔으나 모든 것이 역사의 뒤안길로 사라진 듯 신선감이 없어 보인다. 구시가지에서 이곳에서 나는 특산 광물질들을 파는 좌판을 발견하였는데 종류가 엄청 많았다. 모두 비싼 보석으로 만들어지지는 않았어도 나에게는 관심의 대상이라 흥정 끝에 아름답게 가공한 호안석(虎眼石, 일명 타이거아이) 하나를 여행길의 수호신으로 지니고 다니고자 구매하였다.

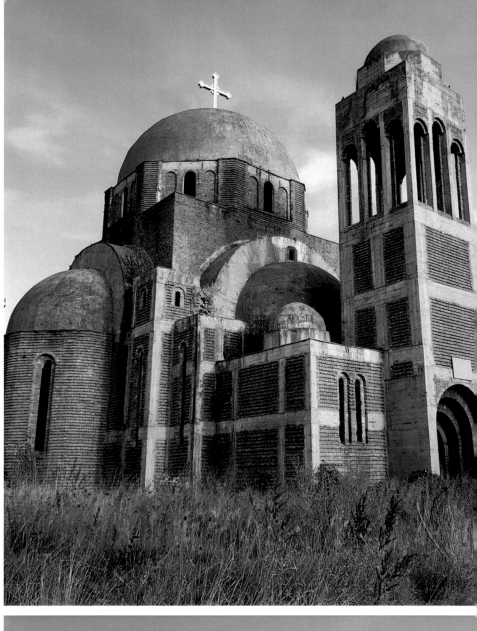

(38) PRISTINA(KOSOVO)⇨ 버스(BUS)⇨
PODGORICA(MONTENEGRO)

2018년 9월 18일 19시에 '코소보의 프리슈티나'에서 출발하여 이웃 나라인 '몬테네그로'로 가는 국제행 버스를 탔다. 버스 안에 동양인은 나 혼자뿐이다. 어둠이 깔려서 주위는 식별하기 어려우나 가끔 발아래로 아득히 희미하게 불이 켜진 마을이 보인다. 대낮 같으면 고소공포증에 시달릴 만큼 상당히 높이 올라와 있는 듯하다. 국경 검문소는 을씨년스럽다. 대부분의 승객은 자유로운 왕래가 가능한지 익숙하게 신분증을 내었다. 나는 여권을 차장인 듯한 남자가 걷어갔는데 '코소보' 국경을 통과하고 이웃한 '몬테네그로' 입경 시에 다른 사람들은  모두 신분증을 되돌려 받았는데 내 여권은 한동안 소식이 없더니 차장이 하차하란다. 차에서 내려오니 한밤중이라 그런지 검문소가 군 초소처럼 삭막한데 건장한 정복 차림의 사나이 세 명이 내 여권을 들고 서 있다가 가까이 오란다. 실제로 약간 겁을 먹었다. 그중에서 책임자인 듯이 보이는 남자가 대뜸 "South Korea?" 하며 묻길래, "Yes."라고 대답하니 "Seoul(서울)." 하며 엄지를 치켜든다. 그래서 나도 엉겁결에 "서울." 하며 엄지를 척 들어 올리니 내 여권을 손에 쥐어 주는 것이 아닌가. 얼른 세 남자에게 악수를 청하니 그들은 빙그레 미소를 짓는다. 아마 한국인이 이 험난한 국경을 통과하는 것이 처음이라 한국인을 직접 만나고 싶었던 모양이다. 여권을 들고 승차하니 모든 승객이 의미심장한 미소를 보낸다. 아침에 도착할 때까지 의자에 앉아 안심의 잠을 청하였다.

(38-A) PODGORICA(포드고리차, MONTENEGRO)

새벽 5시경에 버스 터미널에 도착하였는데, 대기실 안은 황량하기만 하고 밖은 불빛도 없이 컴컴하여 할 수 없이 대기실 의자에 쪼그리고 앉아 휴식을 청했다. 몸이 여간 불편한 게 아니었다. 그나마 다행인 것은 춥지 않고 실내 온도가 적당하다는 것이었다. 새벽 동이 트니 승객들이 삼삼오오 몰려드는데 키가 작은 젊은 동양인이 자기보다 키가 커 보이는 배낭을 내려놓고 옆자리에 앉길래 국적을 물어보니 일본인이라고 한다. 그는 이웃 나라인 '알바니아'로 가는 중이며 가 볼 만한 장소로 '코토르(KOTOR)'를 추천했다. 우선 숙소부터 해결해야 한다. 터미널 밖에서 서성거리니 택시 운전사가 접근하길래 상황을 설명한 후에 안전하게 숙소를 잡아 주면 부르는 요금보다 더 주겠다고 하니 "OK." 하며 성큼 나와서 짐을 트렁크에 싣는다. 자기 친구가 숙박업을 하는데 가격이 적당하다며 그리 멀지 않은 초라한 주택가에 차를 세우더니 소리쳐 주인을 부른다. 민박인 듯싶은 방이 너무 초라하다. 그러나 여행자에게는 편안한 쉼의 공간이면 대만족이다. 우선 하루 치의 방값과 숙박 요금을 합의하에 유로(EURO)로 지불하니 약간의 피곤이 몰려온다. 잠깐 휴식을 취하고 난 후에 숙소 주인에게 시내 관광지와 가 볼 만한 장소를 물어보니 시내 관광은 그저 그렇고 역시 '코토르(KOTOR)'를 추천해 준다. 그러면서 걸어서 충분히 시내 곳곳을 다닐 수 있다고 길을 잘 가르쳐 준다. 서두를 필요가 없어 천천히 발 닿는 대로 걸으니 이곳이 한 국가의 수도인가 의심이 갈 정도로 초라하다. 열심히 들쑤시고 다녔지만, 이 도시만의 특별한 곳을 찾지 못했다. 시내를 돌아다니고 왔어도 아침 9시밖에 안 되어서 바로 가까이에 있는 버스 터미널로 향하였다. 바로 '코토르'로 가기로 결정하고 돈도 쓸 만큼 환전소에서 현지 돈으로 바꾸었다.

(38-B) 코토르(KOTOR)에서

아침 10시경에 출발한 '코토르'행 버스는 약 1시간 30분쯤 달렸다. 상당히 높은 곳에 다다랐는데 차창 밖으로 포근한 만(灣)을 낀 도시가 아름답게 펼쳐지는 장관이 한눈에 확 들어온다. 그렇지 않아도 버스가 너무 높이 올라와 있어 무의식중에 오금이 저렸는데 잠시 넋을 잃고 조금이라도 놓치지 않기 위해 차창에서 눈을 떼지 못했다. 한참을 내려오니 관광지라 그런지 사람들로 북적인다. 팻말에 '바(BAR)'라고 쓰여 있는데 '아드리아틱(Adriatic Sea) 해(海)'를 두고 '이탈리아'와 마주 보고 있는 휴양지이다. '코토르'는 해변 길을 따라 약 20분 정도 더 가야 한다. 자그마한 버스 터미널에 도착한 나는 돌아갈 때 이곳을 다시 쉽게 찾을 수 있을 것 같아 편안하게 유람할 수 있었다. 도시는 한쪽으로는 자그마한 만(灣)을 끼고 있고 그 주위가 온통 높은 산으로 둘러싸여 있어 가로지르는 길이 단조롭다. 오래전부터 사람의 발길이 닿았는지 구시가지(Old Town)를 앞에 두고 높은 산 중턱에 성벽이 길게 걸쳐져 있다.

나도 다른 여행자들을 따라서 성벽 길을 오르기 시작했다. 모두 성벽 길을 오르내리면서 눈 아래로 펼쳐지는 아름답고 포근한 서양화 같은 풍경을 감상하느라 곳곳에 무리 지어 모여 있다. 꼭대기 관망대까지 오르는 길이 제법 힘들어 보였는데, 앞서가던 유럽인 관광객 중 일부는 가던 길을 멈추어 선다. 오르면서 눈인사를 나누었던 처지여서 왜 꼭대기까지 가지 않냐고 물었더니 자기 친구가 여기에 왔던 적이 있는데, 어느 정도 위치에서 아름다운 만(灣)을 낀 붉은색의 도시를 충분히 감상할 수 있어 정상까지 가지 않았다고 하며 본인들 역시 중간까지 오른 것에 만족해한다고 한다. 그러나 나는 이곳에 다시 오기 힘들 거로 생각하여 기를 쓰고 정상까지 갔다. 또 다른 느낌이 있었다. 멀리 포근한 만(灣) 안에서는 제법 큰 유람선이 여행자들을 가득 실었는지 어디가 출구인지 가늠하기 어려운 곳으로 서서히 움직이고 있었고 안쪽의 요트장에는 요트들이 즐비하게 정박해 있는 모습에다 주위를 둘러싼 그림 같은 산들의 배경과 산비탈에 옹기종기 모여 있는 붉은 벽돌집들의 풍경들이 조화를 이루고 있어 서양 화가들의 발길을 오랫동안 이곳에다 붙잡았을 성싶었다. '포드고리차'로 돌아가는 버스를 타야 할 시간까지 이 풍경들을 벗 삼아 카페에서의 한 잔의 커피와 작지만 구시가지의 발자취를 풍미하며 기분 좋은 하루의 여행을 마치고 저녁 늦게 숙소로 돌아왔다.

(39) PODGORICA(MONTENEGRO)⇨버스(BUS)⇨
TIRANA(ALBANIA)

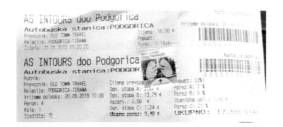

　2018년 9월 20일 10시에 '알바니아'의 '티라나(TIRANA)'로 가는 버스에 탑승하였다. 가는 길이 고속도로가 아니라 지방 국도인 듯하여 편안한 승차감은 없었으나 아름다운 주변의 풍경들과 이국(異國)의 시골 풍경들을 감상하며 갈 수 있어 또 색다른 경험이 되었다.

　역시 인접한 양쪽 국가의 입출국은 순조롭게 이루어졌다.

(40) TIRANA(ALBANIA)

: 오후 16시경 '알바니아'의 수도인 '티라나'의 버스 정류장에 도착한 후에 숙소는 현지 택시 운전사의 도움으로 시내를 관람하기 좋은 위치에 정했다. 어둠이 깔릴 때까지 시내를 두루두루 유람하였으나 현대적인 색채가 너무 풍긴다. 시내 관광 명소를 알기 위해 기념품 가게에서 '그림엽서(Post Card)'를 구매하였으나 특별하게 소개하는

장소가 눈에 띄지 않았다. 단, '티라나' 시내의 명소로 소개한 자그마한 아치형 돌다리가 고풍스러운 운치를 보태고 있었고 그 주위의 카페에서 1928년부터 만들기 시작했다는 전통 맥주(KORCA)의 맛에 이곳에서의 추억을 만들었다.

호텔로 돌아와서 가 볼 만한 장소를 문의하니 그리 멀지 않은 곳에 위치한 고성(古城)인 '크루여(Kruja)'를 소개한다. 내일 하루 동안 이용할 수 있도록 40유로를 주고 호텔에서 소개한 택시를 예약하였다.

※ 둘째 날

: 40분 정도 택시로 이동하니 언덕 위로 고즈넉한 '크루여(Kruja)' 고성(古城)이 보인다. 그 옛날 세력이 그다지 크지 않은 성주(城主)의 소유지였는지 규모가 아담해 보이나 12세기에 알바니아인이 세운 고대 국가의 도읍지였다니 새삼 놀라웠다.

성(城)으로 올라가는 약간 가파르고 좁은 길옆으로 줄지어 늘어선 알록달록한 전통 민속품 가게들과 오랫동안 사람들이 밟고 지나간 보도

(步道)의 자갈돌들이 어우러져 한 폭의 채색화를 만들고 있었다. 성 주
거지에는 곳곳에 고대 알바니아인들의 흔적들이 있었지만, 나에게는
무엇보다도 이 땅의 지나온 발자취를 보여 주는 소규모 박물관의 전시
품들이 인상 깊었다. 전시실에는 역사 탐방하러 온 학생들이 꽤 많았
는데 인솔 교사의 해설을 모두 열심히 경청한다. 전시관을 통과하고 도
시 전체를 볼 수 있는 망루 쪽으로 나오니 내가 한국인이라는 느낌이
오는지 학생들이 우르르 내 주위에 몰려들어 "K-Pop!"을 외치며 같이
사진을 찍자고 여기저기서 주문했다. 나의 외로운 여행의 기분을 'UP'
시켜 준 대가로 모델료는 무료였다.

(41) TIRANA(ALBANIA)⇨ 버스(BUS)⇨SKOPJE(FRY MACEDO-NIA)

　9월 22일 9시에 '티라나(알바니아)' 버스 터미널에서 출발하여 오후 4
시쯤에 기차역이 바로 옆에 있는 '스코페(마케도니아)' 버스 터미널에 도
착하였다.

(42) SKOPJE(FRY MACEDONIA)⇨BEOGRAD(SERBIA)

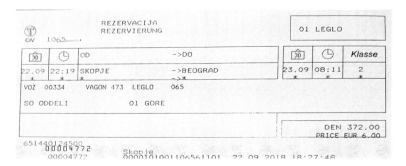

　지난 2018년 9월 17일 이곳 '스코페'에서 버스로 출발하여 '프리슈티나(코소보)'로 다시 버스를 이용하여 '포드고리차(몬테네그로)'를 경유하고 '티라나(알바니아)'를 거쳐 이곳으로 오늘 다시 되돌아왔다. 다음 여행지인 '베오그라드(세르비아)'로 가는 국제열차를 타기 위해서다. 다행히 당일인 9월 22일 22시 19분에 출발하는 야간 침대열차 표를 구매하였다. 'BEOGRAD(BELGRADE, 세르비아)' 도착 시각인 9월 23일 8시 11분까지는 중간의 입출국 수속 시간을 빼면 구매한 침대칸 1층에서 편안히 쉴 수 있었고 내 침대칸에는 승객이 없어 외롭지만, 오래간만에 호젓하게 여행할 수 있었다.

(43) BEOGRAD(BELGRADE, SERBIA)

✺ 첫째 날

: 아침에 모든 승객이 하차한 역이 조금 이상하다. 간이역인 듯싶은 데 '세르비아' 수도의 역이라니, 일부 관광객들이 짐을 질질 끌고 철로 길을 넘어서 초라하게 보이는 역사 밖으로 나가고 있어서 나도 따라가 며 역무원이 있으면 물어보려고 주변을 둘러보았으나 아무것도 없고 택시만 두세 대가 손님을 기다리고 있었다. 동양인인 듯한 관광객 몇 명이 택시를 잡으니 달랑 한 대가 남아서 마지막 손님인 나를 기다리 고 있었다. 의아심을 갖고 택시에 올랐으나 정해놓은 행선지가 없었다. 택시 운전사의 설명으로 새 역사(新驛舍)가 건설 중이라 일부만 운영 중이고 옛날 역사는 구시가지 쪽에 있어 간간히 운영한다며 숙박하기 쉬운 구시가지로 데려다준다. 그러면서 기차로 다음 여행지인 '크로아 티아'의 '자그레브(ZAGREB)'로 가려면 새 역사(Belgrade Railway Station) 로 가야 한다며 친절하게 알려 주었다.

오전부터 투어(Tour)를 시작했는데 시내 지도(Map)가 없으니 깜깜이 다. 서점부터 찾아서 지도를 구매하고 나니 발에 타력이 붙었다. 너무 무리하지 않도록 '사바 사원(St. SAVA TEMPLE)'과 국립박물관 및 국립 극장이 있는 광장(The Repurblic Square) 주위의 길과 대성당(Cathedral Church) 주위만 산책하기로 하였다. 내일 오전에는 이 도시의 최대 관 망지인 '칼레메그단(KALEMEGDAN FORTRESS)' 공원에 올라가 유적지도 구경하고 '다뉴브(DANUBE)강'과 그 지류인 '사바(SAVA)강'이 어우러지는 모습을 구경할 계획도 짰다. 그리고 저녁노을이 만들어 내는 장면을 만끽하기로 하였다. 그러고는 22시 30분에 출발하는 '사라예보 (SARAJEVO, BOSNIA HERZEGOVINA)'행 버스에 오를 것이다.

✸ 둘째 날

: 오늘은 일정이 여유로울 것 같아 느긋한 아침 식사와 함께 아메리카노 한 잔의 도움을 받아서 일정을 머릿속에 그려 보았다. 천천히 '다뉴브강'을 품어 안은 '칼레메그단' 공원에 오르니 '사바강'과 짝을 이룬 '다뉴브강'의 아침 풍경이 무척 여유로워 보인다. 고풍스러운 성안의 흔적들을 따라 이곳저곳을 기웃거리다가 둘레 길 옆의 굴 안쪽으로 죄형 (罪刑) 전시장이 있길래 호기심으로 입장료를 내고 진입하였다. 인간적 관용이 전혀 없었을 것 같은 고문 방법과 기구들을 보니 괜히 내가 죄를 지은 것 같아 걸음을 빨리하였다.

그 옆의 토굴은 외부자의 침입 시 도피 장소인 듯 온통 돌길과 미로였고 수십 길의 우물은 지금도 철렁철렁 소리를 내며 스산한 분위기를 자아내고 있었다. 어느새 강변에 저녁노을이 깔리기 시작하여 성안 강변 높은 언덕에 영업 중인 카페에 자리를 잡고 붉은색 레드 와인 한 모금을 입에 머금은 뒤에 붉게 물들어 가는 저녁노을을 한 번 처다보며 '사라예보(BOSNIA HERZEGOVINA)'행을 준비하였다.

(44) BEOGRAD(SERBIA)⇨버스(BUS)⇨SARAJEVO(BOSNIA HERZEGOVINA)

저녁 22시 30분에 출발한 버스는 내내 어둠을 뚫고 달려서 한밤중에 출입국 사무소를 거치고는 '사라예보(보스니아 헤르체고비나)'에 아직 어둠이 채 걷히지 않은 시간에 나를 내려 주었다. 주변에 택시는 없고, 조금 걸어서 종합 버스 정류장에 가면 아침 6시에 시내로 가는 첫 버스가 있다고 누군가 귀띔을 한다.

(44-A) SARAJEVO(사라예보, BOSNIA HERZEGOVINA)

⁂ 첫째 날

: 시내버스 운전사에게 구시가지에 내려 달라고 부탁하고 준비된 돈이 유로(EURO)밖에 없다고 하니 그냥 타라고 한다. 한 30분쯤 가더니 시내 한가운데를 흐르는 잘 다듬어진 실개천 옆 정류소에 정차하며 목적지에 왔다고 고개를 끄덕인다. 매우 고맙다고 아침 인사를 건넸다. 눈앞에 조용히 흐르는 물 위로 곳곳에 있는 고풍스러운 아치형 돌다리

들이 아침의 신선함을 보탠다. 구시가지(Old Town)인 듯한 길을 따라 천천히 발걸음을 옮기니 마침 여행사 한 곳이 문을 열고 하루를 준비하고 있었다.

이곳에서의 여행에 대하여 문의하니 오늘은 아침 10시 30분에 시작하는 1인당 10유로인 시내 자유 여행을 권하고 다음 날은 아침 8시 30분에 출발하는 하루에 65유로(EURO)인 '모스타르(MOSTAR)' 지역으로의 단체관광을 권유한다. 모두 현금으로 결제하였고 내일 여행지로 출발할 때 데리러 올 호텔까지 오늘의 숙박지로 잡았다. 그리 멀지 않은 숙박지에 짐을 보관하고 다시 여행사 앞으로 가니 여행자들이 시내 자유 여행을 하기 위해 많이 모여 있었다. 조금 있으니 씩씩하게 생긴 청년이 아침 인사를 건네며 들고 있는 깃발을 놓치지 말라고 당부한 후에 앞서 나간다. 대부분의 행보가 종교(宗敎)에 관한 역사적 건물이라 해설자의 설명이 귀에 잘 들어오지 않는다. 1881년경에 지어진 '가톨릭교회(Cathedral of Jesus sacred Heart)'이며 세계에서 가장 오래된 종교 중의 하나라는 '동방정교회(Ortodox cathedral)' 건물과 16세기 오스만 발칸 제국의 이슬람 사원인 '가지 후스레브-베그 모스크(Gazi Husrev-beg Mosque)' 건물들이 한 지붕 아래에서 공존하고 있다는 사실만을 사진 촬영을 통해 이해하기로 하였다.

이곳저곳 해설자를 뒤쫓아 다니다 배가 고플 때쯤이 되니 구시가지(Old Town)에 자리 잡은 전통 식당에서 자유 식사 시간을 준다. 때마침 식사하러 들어오는 가족인 듯한 여러 한국 관광객을 보니 너무 반가워 가벼운 인사를 나누었다. 어스름해질 무렵에는 '사라예보' 시내를 한눈에 관망할 수 있는 '엘로우 포트리스(Yellow Fortress, Zuta Tabija)'로 향하였다. 눈 아래로는 옹기종기 모여 있는 붉은색 지붕들이 한 폭의 그림을 그리며 볼거리를 세공한다.

: 모스타르(MOSTAR)로 가기 위해 예약한 여행사의 차가 호텔로 왔다. 탑승자는 모두 7명으로 오늘 하루 동안의 동반자들이다. 첫 여행지로 조그마한 옛 도시(Konjic Old village)에 정차하여 인솔자를 따라서 그 옛날의 영화롭던 자취를 한 바퀴 돌아보고 다음 여행지로 향하였다. 다음 여행지에 도착한 후 조금 걸어가니 수십 갈래의 폭포(Kravice Waterfall)가 동시에 아침 햇살을 받으며 물줄기를 시원스럽게 내뿜는 장관이 눈앞에 펼쳐진다. 이럴 때는 동영상으로 추억을 남겨야 한다. 잠깐이나마 폭포를 빨아들일 것 같은 깊은 심호흡과 눈의 즐거움으로 장기간 동안 쌓인 여독을 한꺼번에 날려버렸다.

이제 이곳을 떠나서 자연(自然)과의 벗이 아니라 사람 냄새가 물씬 나는 마을로 향하였다. 도착한 마을 초입의 구시가지를 지나니 '네레트바 강'에 자리 잡은 16세기에 건설됐다는 '스타 리 모스트'라는 아치형 교량 주위에 사람들이 운집해 있다. 그런데, 굉장히 높아 보이는 그 다리

의 정점에서 한 사나이가 강 아래로 다이빙을 준비하고 있는 게 아닌가. 많은 사람의 눈이 '진짜 뛰어내리나?' 하는 의구심으로 한곳으로 쏠려 있다. 어느 순간 소리가 터져 나왔다. 모두 탄성을 지르며 그 순간을 포착하기 위해 눈이며 카메라를 놓치지 않았다. 다이빙한 사람은 아마 이곳에서 오랫동안 선대(先代)로부터 기술을 물려받은 기능 전수자가 아닌가 생각해 본다. 그 다리를 건너서 '모스타르' 구시가지(Old Town)로 가는데 내려다보니 현기증이 나며 오금이 저린다. 제법 많은 관광객이 모여 있는 와중에 한국말이 간간히 들린다. 우리의 인솔자는 강이 흐르는 협곡과 암벽(Blagaj Cliff Face) 주위에 포진해 있는 운치 있는 카페로 우리를 인도하여 간단한 늦은 점심을 권한다. 약간 늦은 시간에 돌아오는 길이 온통 강과 돌산으로 도배되어 있어 인솔자에게 양해를 구하고 창문을 열 수 있는 앞 좌석을 차지하고서 연신 카메라 셔터를 눌렀다. 또한, 오늘 22시에 '베오그라드(BEOGRAD)'로 가기 위해 '사라예보' 국제선 버스 정류장까지 바래다주는 친절에 약간의 수고비를 얹어 주는 것도 잊지 않았다.

(45) SARAJEVO(BOSNIA HERZEGOVINA)⇨버스(BUS)⇨ BEOGRAD(SERBIA)

  2018년 9월 26일 22시에 '사라예보'에서 떠나 9월 27일 7시쯤 다시 '베오그라드'에 도착하였다. 즉시 신(新) '베오그라드(Belgrade Railway Station)역'으로 이동하여 9월 27일 10시 20분에 '자그레브(ZAGREB, CROATIA)'로 출발하는 국제열차표를 구매하였다.

(46) BEOGRAD(SERBIA)⇨ZAGREB(CROATIA)

  9월 27일 10시 20분에 '베오그라드(BEOGRAD CENTER)역'에서 출발한 국제열차는 9월 27일 18시 14분에 '자그레브(ZAGREB, CROATIA)역'에 도착하였다.

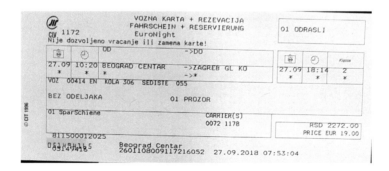

(47) ZAGREB(자그레브, 크로아티아)

✹ 첫째 날

: 늦은 시간에 도착한 탓에 숙소는 기차역에서 가까운 '즈리네바츠 (Zrinjevac)' 공원 근처에 있는 곳으로 정하고 가벼운 차림으로 시내 번화가를 섭렵하였다.

✹ 둘째 날

: 숙소에서 가벼운 아침 식사를 한 후에 휴식 공간에서 커피를 마시며 실내에 준비된 '크로아티아' 관광 안내도를 보니 우선 '플리트비체 (Plitvice)' 국립공원부터 관광하고 내일 '자그레브 대성당' 등을 관람하는 일정이 좋아 보여 그렇게 하기로 하고 숙소 직원의 의견과 도움을 받아 시외버스 터미널로 향하였다. 터미널에 도착하여 '플리트비체' 국립공원으로 가는 버스 시간표를 보니 하루에 운행하는 왕복 횟수가 상당히 많아 바로 승차할 수 있었다. 한 1시간 40분쯤 소요된 것 같고 하차 장소도 공원 앞이라 쉽게 발견하고 바로 입장할 수 있었다. 공원 입구에서 조금 걸어가니 확 트인 앞쪽으로 저 멀리 장관을 이룬 폭포와 드넓은 호수가 시야에 들어온다. 무엇인가에 압도당한 듯이 잠시 넋을 잃고 뚫어져라 쳐다보며 눈을 떼지 못하였다. 여러 갈래의 둘레길이 소개되어 있었는데 우선 조금 쉬워 보이는 폭포 길을 먼저 선택하였다. 폭포로 향하는 비탈길을 천천히 내려가며 이리저리 둘러보니 사진 찍기 좋아하는 사람들에게는 곳곳마다 작품의 소재가 될 것 같다. 여러 개의 물줄기가 높은 곳에서 동시에 품어내는 폭포 앞을 지나 무성히 자란 갈대숲 사이로 난 길게 이어지는 나무다리를 통통거리며 걸으니 눈앞에 아담한 호수가 펼쳐진다.

호수의 물이 맑다 못해 화가가 일부러 파란 물감을 엎질러 놓은 것 같다. 그 위로 호수가 작은 물줄기의 수로로 연결되어 아름다운 경관을 더하고 있었고 그 둘레 길을 걸으니 신선이 따로 없이 내가 신선이 되어 노니는 기분이었다. 몸, 마음, 다리 모두가 신이 났다. 쉬지 않고 걸어가니 굉장히 큰 호수에 있는 유람선 선착장이 나온다. 기다리는 사람들의 줄이 제법 길지만 나도 한자리를 차지하였다.

나를 태운 유람선은 조금 더 호수의 상류로 거슬러 올라가며 주위의 볼거리를 제공해 주고는 건너편 선착장에 나를 내려놓는다. 여기에서 다른 하이킹 코스가 있지만, 나는 호숫가의 둘레 길을 택하고 숲으로 덮여서 겨우 2, 3명 정도 지나다닐 수 있을 듯한 호숫가 둘레 길을 걸었다. 걷다가 불현듯 연인들이 나타나면 슬며시 웃으며 비탈진 곳으로 피해 주는 한국의 국제 신사 품위를 발휘하였더니 상냥한 눈웃음을 많이 선사 받아 온종일 걸어도 좋을 듯이 기분이 상쾌했다.

그러나 아무도 없이 나 혼자만 이 산중에 계속 머무를 수는 없다. 많은 사람이 돌아보고 또 돌아보며 아쉬움을 뒤로하고 공원을 떠나고 있었다. 숙소로 되돌아오는 길에 '자그레브' 기차역에 들러 '류블랴나(슬로베니아)'로 가는 29일의 국제기차표를 예매하였다.

✸ 셋째 날

: 기차가 오후 4시 30분쯤에 출발하기로 되어 있어 시내를 관광하기에는 충분했다. 우선 '자그레브 대성당(The Cathedral of Assumption of Blessed Virgin Mary)' 쪽으로 방향을 잡았다. 자그레브 대성당은 야트막한 인덕에 자리 잡은 12세기에 세워진 네오-고닉식 건축물(NEO-Gothic architecture)이며 그 후에 '성모 마리아'에게 헌정했다는 교회 역사에 관한 이야기를 들었다. 성당 앞 광장에 세워진 상당히 높은 상의

'성모 마리아'상은 모든 이를 굽어살피는 듯하였다. 많은 사람이 성당 안으로 들어가서 참배하려는 터라 문 앞이 혼잡스럽다. 그러나 성당 내부의 종교적 의미를 모르는 나의 종교적 무지에 '성모 마리아님'도 인자한 웃음으로 나를 보내 주실 거로 생각하며 발길을 '도락(Dolac) 시장(Market)' 쪽으로 옮겼다. 도락 시장은 그렇게 큰 시장은 아니지만, 오랫동안 이곳 사람들에게 소통의 장소로 따뜻한 마음을 팔고 사는 장소인 듯 사람들로 북적북적하다. 어떤 할머니는 집에서 힘들여 가꾼 작물들을 펼쳐 놓고 훈훈한 정을 기다리고 있는 듯했다. 조금 더 시내 쪽으로 발길을 옮기니 '반 요셉 옐라차지(The bana Josipa Jelacica)' 광장이 나오는데, 오늘따라 행사가 있는지 '크로아티아' 전통 복장을 한 군무(群舞) 집단(集團)이 많이 보여 그중 한 무리에 가까이 다가서니 동양인이라 반가워서 그러는지 내 소매를 잡아끌며 군무(群舞)에 나도 끼워 준다. 그네들의 전통 음악에 리듬은 잘 못 타지만 그들의 율동에 이끌려서 추억의 하루를 보냈다.

(48) ZAGREB(CROATIA)⇨LJUBLJANA(SLOVENIA)

　　2018년 9월 29일 오후 4시 30분쯤에 '자그레브'에서 출발하는 국제 열차에 올랐는데 구매한 기차표에 출발 시각과 도착 시각이 적혀 있지 않고 승객도 생각보다 적다. '류블랴나(슬로베니아)'까지는 거리가 짧아서 침대칸은 없고 작은 한 칸이 6인승 좌석으로 되어 있었다. 기차 요금도 약 10유로(한화 약 1만 4천 원)밖에 되지 않았다. 승차한 칸에서 운좋게 '슬로베니아'의 수도인 '류블랴나'에서 근무한다는 중국인 아가씨를 만나서 짧은 시간이지만 여행 이야기를 나누며 무료함을 달랬다. 역시 '슬로베니아'도 유럽연합(EU) 국가라 무비자 입국으로 승차한 검사원의 간단한 질문에 대답하고 여권에 입국 인증을 받았다.

(49) LJUBLJANA(SLOVENIA)

✳ 첫째 날

: '류블랴나(슬로베니아)역'에 저녁 늦은 시간에 도착했기에 현지 택시 운전사의 도움을 받아 숙소를 정하고 내일의 여행을 위하여 일찍 잠을 청하였다.

✳ 둘째 날

: 생소한 지역이라 아침 일찍 서둘러 소위 구시가지(Old Town)로 출발하였다.

도시의 길을 따라 걸으니 한 국가의 수도라기보다는 한적한 소도시 처럼 높은 건물들이 쉽게 눈에 띄지 않는다.

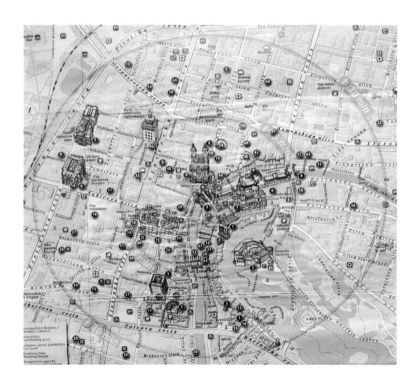

약 10분쯤 걸으니 구시가지 초입에 고풍스러운 교회(Franciscan Church) 건물이 이곳이 구시가지(Old Town)임을 알리고 있었다. 조금 더 안쪽으로 걸으니 조그만 내(川)를 끼고 예스러운 건물들과 붉은 가옥들이 화려하지도, 웅장하지도 않게 잘 어우러져 있어서 인상 깊게 느껴졌다. 운치 있게 잘 다듬어진 돌다리(Triple bridge)를 건너니 역시 성당(Church of St. Nicholas) 건물이 여행자를 반긴다. 그 끝자락에는 그리 높지 않은 산꼭대기에 위엄 있는 왕궁(Ljubljana Castle)이 보인다. 주위의 기념품 가게들이 아침 장사를 위해 문을 열기에 시내 지도를 사서 펼쳐 보니 구시가지를 10~15분 안에 모두 걸어서 가 볼 수 있도록 둥근 원으로 표시해 놓았다. 아무래도 여기에서의 여행 계획을 다시 살펴볼 필요가 있을 것 같아 상점 외부에 진열된 그림엽서(Post card)를 뒤지기 시작하였다. 여행 중에 방문한 나라의 유명한 지역이나 문화를 잘 찾지 못할 때는 여행자들을 위하여 발행 및 판매하는 방문국의 그림엽서를 습관적으로 뒤진다. 2장의 엽서가 눈에 확 들어온다.

하나는 하늘에서 선녀가 목욕하러 내려오는 곳인 듯한 계곡의 모습과 그 사이로 흐르는 물을 통해 속세가 아닌 듯한 비경을 사진으로 담은 '소차(SOCA)'라는 곳이었고 나머지 하나는 동굴(Postojnska jama)의 비경을 찍은 듯한 사진이었다. 즉시 발길을 지근거리에 있는 기차역으로 돌렸다. 기차표를 파는 역무원에게 다짜고짜 '소차(SOCA)'와 '동굴' 사진을 보여 주며 그리로 가야 한다고 했더니 '소차'로 가는 중간에 '동굴'도 갈 수 있다고 이야기한다. 그러면서 어디까지 가느냐고 물어보길래 '소차(SOCA)'로 간다고 하니 '노바 고리차(NOVA GORICA)'행 기차표를 내민다. 시간은 약 1시간 정도 소요된 것 같고 '노바 고리차역'은 대강 11시쯤에 도착했다. '소차'로 가기 위해 걸어서 갈 수 있는 시외버스 터미널로 쏜살같이 달려갔더니 이미 30분 전에 마지막 버스가 떠났단다. '소차'는 깊은 산골이라 일찍 출발해야 한다며 내일 시간 내에 오면

가는 방법을 알려준다기에 친절한 안내원과 약속했다.

그런데 신기한 것은 이곳 '노바 고리차(슬로베니아)'와 이웃 나라인 동시에 이웃 도시인 '이탈리아'의 '고리치아(GORIZIA)'는 오가는 경계선이 없이 자그마한 안내판만 서로의 나라를 표시하고 있고 차와 사람들이 자유롭게 차도와 보도를 따라 이동한다는 사실이었다. 나도 신기해서 '슬로베니아'와 '이탈리아'를 쉴 새 없이 오가며 추억을 만들고 '류블랴나'로 돌아왔다.

셋째 날

: 아침 일찍 짐을 꾸려 어제와 동일한 코스를 이용하여 '노바 고리차' 버스 터미널에 약속한 시각에 도착하였다. 친절하게 가르쳐 준 대로 '보벡(BOBEC)'이라는 중간 터미널에 내려서 복무자에게 '소차'로 가는 길을 물으니 곧 학생들이 주로 이용하는 통학버스가 오니 그 버스를 이용하라고 한다. 정말 승차하니 타고 내리는 승객들이 전부 하교하는 학생들인데, 가끔 이방인을 힐끔힐끔 쳐다본다. 가는 길이 정말 험하고 주위가 산과 계곡으로 굽이굽이 흐르는 물과 어우러진 산간 지방이다. '소차(SOCA)'의 종점에 다 오니 가을비가 부슬부슬 내린다. 도착한 곳은 작은 산골 마을이나 거리가 매우 깨끗하다. 호텔도 눈에 많이 보이고 상점들도 청결하여 '작은 알프스'라고 선전하는 것도 무리가 아닌 듯하다. 눈에 먼저 보이는 호텔을 찾아서 가격을 물어보니 원래는 하루 숙박료가 80유로(EURO)이나 비성수기 철이라 60유로로 할인해 준다고 하여 비용을 지불하고 방에 들어가 보니 정말 깨끗하게 잘 정돈되어 있었다. 휴양지가 아닌가 싶어 복무원에게 물어보니 이곳은 유럽인들에게 '트레킹'과 래프팅(Rafting)으로 잘 알려진 곳이고 주로 개인 승용차를 이용하여 찾아온단다. 간단한 차림으로 주위로 산책하러 나가니 정말 그림에서나 본 듯한 높은 산과 잘 가꾸어진 푸른 초원으로 둘러

싸인 산악 농촌의 풍경이 펼쳐진다. 호텔로 돌아와서 이곳에서 계속 지니고 다닌 신비스러운 계곡과 신이 빚어낸 듯한 새파란 물이 그려진 '소차(SOCA)' 그림엽서를 보여주니 내일 자기 아버지가 차를 이용하여 안내한다며 가격은 1인당 10유로라고 한다.

✹ 마지막 날:

기분 좋은 아침을 맞이하며 밖으로 나갈 준비를 하고 있는데 호텔 프런트에서 잠깐 베란다에 나가보라고 알려 온다. 무슨 일인가 싶어 밖으로 나가니 저 멀리 높은 산이 전부 흰색으로 변했다. 어제는 부슬비가 내리는 주위의 온 풍경이 촉촉한 푸른색이었는데, 밤사이 높은 산에 눈이 내려 전부 흰색으로 변하여 푸른 초원과 함께 한 폭의 그림을 그려 냈다.

작은 호텔의 아침 식사이지만 굉장히 맛깔스럽고 청결하다. 호텔 승용차에 독일인 부부와 동행하여 굽이굽이 굽어진 산길을 호젓하게 찾아가니 곳곳이 선경(仙景)이다. 계곡마다 신비스럽게 다듬어진 바위들과 그 미로 사이로 흐르는 계곡물은 금방이라도 선녀들이 부끄럽게 목욕하고 승천(昇天)한 듯이 한 점의 티도 없이 맑다 못해 비취 빛깔이다.

그러나 언제까지 신선놀음을 할 수는 없어 아쉬움을 뒤로한 채로 오래도록 이곳이 인간의 쓰레기장이 되지 않기를 간절히 바라면서 환대해 준 이곳 사람들에게 감사를 표하며 떠났다.

다시 '노바 고리차' 버스 터미널로 와서 다음 행선지인 '이탈리아'로 가기 위하여 기차역으로 이동하였다. '노바 고리차' 기차역에서 출발하면 중간역인 '세자나(SEZANA, 슬로베니아)역'에서 '트리에스테(TRIESTE, ITALY)'로 가는 국세열차를 탈 수 있다. 기차표는 승차해서 승부원에게 직접 끊었다.

(50) LJUBLJANA(SLOVENIA)⇨NOVAGORICA⇨SEZANA(SL OVENIA)⇨TRIESTE(ITALY)

'노바 고리차' 기차역에서 10월 2일 18시 20분경에 출발하여 '세자나(슬로베니아)' 기차역에서 환승하고 '트리에스테(TRIESTE, ITALY)역'에는 2018년 10월 2일 22시쯤에 도착하였다. 늦은 시간이라 '트리에스테(이탈리아)'에서 숙박하였다.

5.
중부 유럽을
향하여

(51) TRIESTE(ITALY)⇨VENEZIA(ITALY)⇨MILANO(ITALY)

❈ 2018년 10월 3일

: '이탈리아'의 변두리 지방(TRIESTE)에서 하루를 묵었으나 나의 최종
목적지는 '밀라노(MILANO)'이다.

'트리에스테' 기차역에서 '밀라노'까지 직접 가는 열차는 없고 '베네치
아(VENEZIA)'에서 갈아타야 한다고 역의 매표원이 2장의 기차표를 건
네며 자세하게 설명해 주었다.

'트리에스테(TTIESTE CENTRALE)역'의 출발 시각은 오전 9시 38분이
었다. 아드리아(Adriatic Sea) 해변의 멋진 풍경을 '베네치아'에 도착할 때
까지 즐겼더니 시간이 금방 흘러갔다.

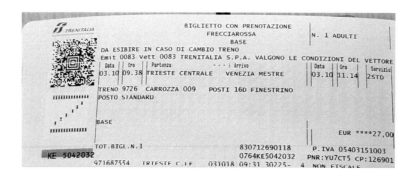

'베네치아'에서 출발하는 시간은 14시 32분이라 약 3시간의 여유가 있어 가까운 시내를 걸으니 관광객 천지이다. 이곳이 세계의 미항(美港)으로 소개되고는 있지만, 배를 타는 직업을 가진 나에게는 실망을 안겨 줄까 봐 이곳에 있었다는 인증 사진만 남기기로 하였다. 현지에서 사용하는 유로(EURO)가 필요할까 봐 소액의 달러를 환전하려고 했는데 환율 차이로 인해 큰 손해를 보게 되었다. 환전상에게 불만을 토로하니 이곳이 유명한 관광지라 그렇다고 하며 조금 더 액수를 늘리면 회사 차원에서 높은 환율로 바꿔준다고 하여 600달러를 바꾸었다. 그랬더니 '이탈리아'를 여행하는 데 필요한 할인 쿠폰 10장을 서비스로 준다.

　'베네치아(VENEZIA MESTRE)역'에서 출발한 기차는 2018년 10월 3일 16시 45분에 '밀라노(MILANO CENTRALE, ITALY) 기차역'에 도착하였다. 숙소는 스마트폰 앱을 통해서 적당한 곳을 찾았다.

(52) MILANO(ITALY)

✵ '밀라노'에서의 둘째 날

: 걸어서는 시내 투어가 힘들 것 같아 시내 일주 관광버스(Hop On-Hop Off)를 이용하여 가 볼 만한 장소를 선택하기로 하고 표를 구매하였다. 선택한 노선은 당일 마지막 버스 시간까지는 그 노선의 아무 정류장에서나 승하차가 가능하여 이를 이용해 가 볼 만한 장소를 선택하였다.

'히스토릭칼 노선(Historical Line)'의 출발지인 '카스텔로(Castello)성' 앞의 광장에서 버스를 타고 레오나르도 다빈치의 〈최후의 만찬(Leonard Da vinci's The Last Supper)〉을 보기 위해 '카도르나(Cadorna)' 정류소에서 내려서 전시장(Santa Maria delle Grazie) 쪽으로 주위의 옛 흔적들을 구경하며 천천히 발걸음을 옮겼다. 입구에 사람들이 북적이는 모습을 보고 재빨리 입장권을 파는 매표소로 가서 표를 한 장 달라고 하니 묵묵부답이다. 재차 표를 요구하니 어느 여행 단체이며 언제 예약했냐고 묻는다. 그런 것 없이 여행하다 '다빈치의 그림'을 보고 싶어 달려왔다고 하니 일언지하에 거절한다. 최소 2주 전에 예약해야만 관람이 가능

하다는 매몰찬 답변에 여행자의 간절한 소망도 소용이 없었다. 매표소 밖으로 나오니 바로 앞에 있는 노점 상인이 나의 처지를 눈치챘는지 이전에는 암표도 있었다며 〈최후의 만찬(The Last Supper)〉 그림엽서를 사라고 얄밉게 내민다.

다시 버스를 타고 '두오모 밀란 대성당(Duomo Milan Cathedral)'에서 하차하니 광장과 대성당 주변이 사람들로 인산인해(人山人海)라 작품 사진 찍기가 썩 좋지 않았다. 안내 지도에서는 그 주위에 있는 볼거리를 많이 소개하고 있었지만, 나의 전문적 식견이 없어 무의미하고 무료할 것 같아 마지막 관람 장소로 '스포르차가성(Sforza Castle)'과 어우러진 공원(Sempione's park)을 가로질러 '평화의 문(Arch of Peace)'까지 구경하고 오니 저녁 해가 시간을 알리고 있었다. 돌아오는 버스의 차창 밖으로 온통 푸른색의 식물(植物)로 덮인 높은 건물(Vertical Forest)이 마지막 볼거리를 제공한다.

PART 3

6. 북유럽에 가다

7. 베네룩스 3국을 지나서

8. 서유럽을 향하여

9. 대서양 (ATLANTIC OCEAN)의 땅끝, 카보 다 호카(CABO DA ROCA) 곶에 서다

10. 집으로 돌아오는 길에

(53) MILANO(ITALY)⇨ZURICH(SWITZERLAND)

　가을의 초입인 2018년 10월 5일 15시 25분에 '밀라노(MILANO CEN-TRALE)역'에서 출발한 기차는 당일 18시 51분에 '취리히(ZURICH HB, 스위스)역'에 도착하였다.

(54) ZURICH(SWITZERLAND)

❀ 첫째 날

: 역과 가까운 곳에 호텔 싱글 룸을 정하였는데 환경이 엉망인데도 하루 숙박료가 130유로(한화로 약 19만 원)이다. 가격이 너무 비싸다고 호소하니 10유로를 할인해 주면서 '스위스'의 물가는 장난이 아니란다. 시내 중심 광장(Central Square)으로 가니 온통 주위가 '스위스' 명품 가게들로 도배되어 있어 진짜 '오리지널'을 사고 싶은 충동이 일기는 했으나 앞으로 갈 길이 멀어 진열장 안에 진열된 명품들을 오늘의 눈요깃거리로 하고 일찍 호텔로 돌아왔다. 그리고 내일 '융프라우(JUNGFRAU)'로 가는 일일(日日) 여행을 호텔을 통해 예약해 두었다. 그 비용도 214유로(한화로 약 30만 원)로 엄청 비쌌다.

: 아침 일찍 '융프라우(JUNGFRAU)'로 가는 관광버스 터미널(Sihlquai)로 가니 각국의 여행자들로 터미널 안이 북적였다. 내가 타고 가야 할 버스는 유럽인과 동양인 여행객들로 좌석이 만석이었는데 안내를 맡은 청년이 하루의 일정을 소개하며 가벼운 인사를 한다. 더불어 멋진 곳을 지날 때면 어김없이 방송을 했다. 그럴 때마다 버스 안 여기저기에서 "와우(WOW)!" 하는 탄성이 나왔는데 그 감정 표현은 국경이 없는 같은 목소리로 들린다.

산악 열차를 타는 곳(Interlaken Ost)에 도착하니 같은 일행인 여행 안내원이 열차의 좋은 칸이라며 중간 칸에 빨리 타라고 한다. 그리고 좋은 장소가 나올 때마다 느릿하게 달리는 산악 열차 안에서 밖의 경관을 배경 삼아 사람들의 사진을 찍어 주는 사진사가 되어 바삐 돌아다니며 사진을 찍어 준다. 또한, 이럴 때는 옆 사람들이 서로 국경 없는 친구가 되어 아름다운 추억들을 찍어 준다.

'융프라우요흐(JUNGTRAUJOCH)'는 '해발 34,534m/(11,333ft)'로 '유럽의 최고 정상(TOP OF EUROPE)'이라고 하는데 나에게는 정상(頂上)이라는 것이 '백두산' 다음으로 평생 두 번째다.

얼음 궁전(Ice Palace)은 관광의 필수 코스이고 눈 덮인 정상에서 '스위스' 국기의 끝을 붙잡으며 희열에 찬 사진을 찍는 것도 필수이다. 마지막으로는 관망대(Sphinx, View Point)에서 백색의 파노라마(Panorama)를 눈에 저장하고, 또한 한국어로 된 "유럽 최고 고도에 위치한 역(TOP OF EUROPE)을 방문했다."라는 역장(驛長)의 증명서도 필수 사항이다.

6.

북유럽에
가다

(55) ZURICH(SWITZERLAND)⇨SINGEN(GERMANY)

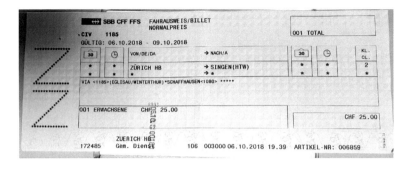

  '취리히(스위스)역'에 도착할 당시에 독일의 '함부르크(HAMBURG)'로
가는 국제열차편을 문의했더니 늦은 시간대에는 열차편이 없고 바로
이웃한 독일의 '징겐(SINGEN)'으로 가서 다시 독일 국내선 열차를 이용
하면 다소 불편하더라도 쓸모없는 시간을 알차게 활용할 수 있다고 하
여 '독일(GERMANY)의 징겐(SINGEN)'행 기차표를 예매했다. '융프라우
(JUNGFRAU)'로부터 '취리히' 시내로 돌아온 시간이 저녁 7시 40분쯤이
었는데 기차역이 바로 옆에 있어 저녁 8시 30분에 출발하는 국제열차
를 탈 수 있었다. 소요 시간은 대략 1시간 20분쯤인 것 같았고 출입국
수속도 없어서 이웃 도시로 나들이 가는 기분이었다.

(56) SINGEN(GERMANY)⇨KARLSRUHE(GERMANY)

 '징겐(독일)역'에 도착 즉시 역 구내 매표소로 향하였더니 늦은 시간대라 모두 문이 닫혀 있었다. 역 밖으로 나오니 주위는 모두 어둠이 깔려 깜깜했다. 고독한 여행자를 반겨줄 곳은 저 멀리 희미한 불빛 아래에 아담하고 지루해 보이는 호텔뿐이다. 문을 열고 들어가니 제법 깨끗하다. 상냥한 독일인 안내양의 친절로 다음 행선지인 '함부르크'로 가는 방법을 안내받고 하루 숙박비로 80유로를 지불했다. '스위스'보다 훨씬 저렴하고 방이 제법 호텔다운 모습을 갖추었다. 또한, 친절한 아가씨가 익일 오전 8시 30분에 출발하는 기차 시간에 늦지 않도록 아침 식사와 출발 준비를 하라고 미리 알려준다.

 다음 날, 역에 도착해서 기차표를 구매하려고 했는데 역사 안은 환하게 밝기만 했지, 매표원도, 열차 검표원도, 아무도 없다. 시간이 다되어가서 할 수 없어 자동 검표기도 없이 통과하는 사람들을 따라 승차장으로 가서 기다리고 있는 열차에 올라탔다. '열차 내에서 검표원에게 상황을 설명하고 무임승차의 오해가 없도록 해야지' 하는 마음으로 여권을 손에 쥐고 눈이 빠지도록 기다렸는데도 이 기차의 종점(KARLSRUHE)역까지 검표원이 나타나지 않아 어쩔 수 없이 국제적인 무임승차자가 되었다. 나중에서야 알았지만, 유럽의 단거리 열차는 각 칸 입구에 자동 계산대가 설치되어 있었다. 나중에는 그 편리한 방식을 다른 나라에서도 가끔씩 이용했다.

(57) KARLSRUHE(GERMANY)⇨HAMBURG(GERMANY)⇨ KOEBENHAVN(DENMARK)

　독일의 카를스루에(KARLSRUHE)역에 도착하자마자 매표소로 달려가 여권과 함께 '독일의 함부르크'를 거쳐 '덴마크의 코펜하겐(KOEBEN-HAVN)'으로 가려고 한다고 했더니 표를 파는 아가씨가 친절하게 2장의 기차표를 주면서 연결 시간과 '함부르크'에서 '코펜하겐'으로 가는 국제 야간열차의 담당 열차 칸의 승무원에게 기차표를 제시하고 침대칸 1층을 배정받으라고 한다. 유럽연합(EU) 국가는 최초로 입국한 나라의 비자 인증이 여권에 남아 있으면 다른 곳은 무사통과다. 오래간만에 '덴마크(DENMARK) 코펜하겐'행 야간열차의 1층 침대에서 편안한 휴식을 취하였다.

(58) KOEBENHAVN(KOPENHAGEN, DENMARK)

'함부르크(HAMBURG Hbf)'에서 18시 22분에 출발한 기차는 독일의 '플렌스부르크(FLENSBERG)'를 경유하고 '덴마크 국내'를 멀리 둘러서 다음 날 아침 6시 20분쯤에 '코펜하겐역'에 도착하였다.

: 우선 짐을 기차역 보관소에 맡겨 놓고 간단한 아침 식사와 모닝커피를 마신 후 '티볼리(TIVOLI)' 앞을 지나 붉은 벽돌로 잘 지어진 코펜하겐 시청(Kopenhagen City Hall) 앞을 천천히 관람하며 쇼핑 거리(Stroget shopping street)로 진입하니 사람들이 좁은 길을 꽉 메우고 있었다. 발걸음을 덴마크의 전통음식점들이 있는 거리(Nyhavn)로 옮겨 덴마크의 전통음식점(Traditional Danish Food)에서 데니쉬 핫도그(Danish Hot

Dog)와 맥주(Carlsberg)를 먹으며 한 끼의 점심을 때웠다. 그리고는 느긋한 오후를 자그마한 운하(運河) 양옆으로 그림처럼 줄지어 서 있는 알록달록한 낮은 건물들을 배경 삼아 사진에다 표현하느라 시간 가는 줄 몰랐다.

: 오늘은 온종일 부지런히 발품을 팔아야 한다. 시내 지도를 따라 어제와 비슷한 경로를 거치며 '크리스티안보르 궁전(Christiansborg Palace)' 앞을 지나 '스위디시 교회(The Swedish Church)'에 다다르니 주위가 수로(水路)로 잘 다듬어진 공원이 눈앞에 나타난다. 그 공원 안쪽으로 저 멀리 풍차(風車, Windmill)가 동화 속의 그림처럼 나타난다. 16세기에 만들어졌다는 풍차(The Citadel)는 바람이 세게 불어와도 돌지 않고 장승처럼 서 있다. 발길을 '안데르센 동화 속 인어 공주(The Little Mermaid)'상 쪽으로 옮기니 바닷가 바위 위에 앉아 있는 조그마한 '인어공주'가 나온다. '어릴 때 동화책에서 보았을 때는 내가 키가 작을 때여서 그런지 매우 크리라고 생각했는데, 이제는 내가 너무 커져서 작게 보이는 걸까?' 하는 생각을 했다. 그래도 기념사진은 남겨두었다.

오늘의 마지막 장소인 '성 알반스 교회(St. Alban's church)'에서는 교회
와 옆에서 지켜 주는 웅장한 주술적 동상(Gefion Waterfountain)의 의미
도 모르는 채로 사진을 찍으며 시간을 보냈다.

(59) KOEBENHAVN(DENMARK)⇨OSLO(NORWAY)

    오전에 출발한 '오슬로'행 국제열차는 저물어가는 '가을 북유럽'의 아름다운 경치를 끊임없이 보여 주며 북(北)으로, 북(北)으로 달려 '노르웨이'의 수도인 '오슬로(OSLO)' 기차역에 나를 내려 주었다.

(60) OSLO(NORWAY)

✵ 첫째 날

: 도시의 느낌은 화려하지도, 복잡하지도 않고 한가로우며 여유가 넘쳐 보인다. 여행자의 발걸음도 바쁠 것이 없다. 느긋하게 배가 고프면 '햄버거'를, 맥주가 생각나면 카페를 찾아다니며 북유럽의 정취에 흠뻑 젖어버렸다.

✵ 둘째 날

: 우선 숙소에서 가까운 거리에 있는 시청(City Hall) 앞 광장으로 가니 '노벨 평화 센터(Nobel Peace Center)'와 자그마한 만(灣)을 끼고 있는 고성(古城, Akerhaus Fortress) 터를 에둘러 보는 데도 한 식경이면 충분했다. 그 여정에 국립박물관(The National Museum) 및 다른 박물관도 있었지만, 멀리 떨어져 있는 민속 박물관(Norsk Folke Museum)에 더 관

심에 있어 행보를 옮기기로 하고 시내 버스 정류소로 갔다. 버스 정류장에 제법 외국인 관광객이 많이 보였다. 내가 탄 버스에는 일본인 여성 관광객들도 동승하여 바이킹 선박 박물관(Viking Ship Museum) 앞에서 하차하였다. 내 직업이 '마도로스'다 보니 여행에서 고선박(古船舶)을 관람하는 것은 빼놓지 않는다. 바이킹 선박은 오래전에 만들어져 사용한 지가 250년을 훌쩍 넘은 듯한 목재(木材)로 만들어진 선박으로, 당시로서는 규모가 꽤 커 보이니 어디까지 나갔을까 상상해 본다. 나는 철선(鐵船)으로 지구 곳곳에 안 가본 곳이 없다는 생각을 하며 민속박물관(Norsk Folke Museum) 쪽으로 옮겨 갔다.

북구 유럽의 색다른 민속 역사(Norwegian Culture) 속에 도식된 문화(文化)보다는 잘 포장되어 있지 않은 원초적 삶에 대한 표현들이 볼거리였다. 멋들어진 관광지가 많이 소개되었는데 관광 비성수기 철이라 교통편이 대폭 줄어 이동이 불편하기에 포기하였다.

(61) OSLO(NORWAY)⇨GOTEBORG(SWEEDEN)⇨STOCKHO LM(SWEDEN)

가을도 저물어가는 2018년 10월 12일 새벽 7시에 '오슬로' 기차역에서 출발하여 중간역(GOTEBORG)에서 갈아타고 그날 오후 14시 31분에 '스톡홀름(STOCKHOLM, 스웨덴)' 기차역에 도착하였다.

(62) STOCKHOLM(SWEDEN)

※ 첫째 날

: 숙소에 여장을 푼 후에 멀리 보이는 바닷가에 고풍스럽게 우뚝 솟은 시청(City Hall) 건물에 이끌려 그 해변도로를 타고 한참을 걸어서 역시 바닷가에 위치한 왕궁 오페라하우스(Royal Opera House)까지 왔다. 그 앞바다의 다리 저편 구시가지(Old Town)에는 왕궁(The Royal Palace)이 위용을 자랑하며 자리하고 있었다. 내일 아침 일찍 방문하기로 하고 슬슬 배가 고파서 '스톡홀름'시(市)의 밤의 중심지(Stureplan street)로 걸음을 재촉하였다. 어둠이 깔릴 때쯤 도착하니 중심 광장의 한쪽에서는 길거리 상점들이 손님 맞을 준비가 한창이다. 나에게는 딱히 새로운 것이 없다. 아마 쌀밥을 구경하지 못하고 '햄버거'와 '케밥'을 주식(主食)으로 삼은 지가 약 두 달이 넘은 것 같다.

: 걸어서 15분 정도 걸으니 구시가지(Old Town)로 진입하는 다리 (Centralbron)가 나온다. 초입부터 사람들로 넘쳐나고 있었고 잘 다듬어 진 옛길과 전통적 왕국(王國)을 상징하는 건물들이 즐비하다. 바닷가 길을 따라 왕궁(Royal Palace)으로 향하니 그 광장 및 주위가 많은 사람 으로 인해 더욱더 발 디딜 틈이 없다. 왕궁 입구 전시관에서 왕실(王室) 에서 사용했던 황금 마차들을 보니 마치 내가 동화 속의 왕자가 된 듯 하다.

더구나 다른 전시관에 전시된 화려하고 휘황찬란한 보석들이 박혀 있는 왕관 앞에 서니 불가능하지만 써 보고 싶은 충동이 일어난다.

요새 어린이들은 생일 때 종이 왕관을 쓰고 잔치를 하는데, 여행자 에게는 종이 왕관도 어울리지 않는다. 모두 꿈같은 상상이려니 생각하 며 현실로 되돌아와 나의 직업에 어울리는 17세기의 '바사 십(Vasa ship)'이 전시된 박물관(The Vasa Museum)으로 가기 위해 시내버스 정 류장으로 걸음을 재촉하였다. 도착하여 전시실에 입장하니 전시된 목 선(木船)의 규모가 어마어마하다. 한 장의 사진 속에 담을 수가 없어 동 영상으로 촬영하였는데 3층 높이는 물론이고 그 고선박(古船舶) 주위를 한참 동안 돌아다녀야 했다. '바사 십'은 심해로부터 약 700여 개의 나 무 조각과 파편을 건져 올린 후에 정밀하게 조립하여 '해운(海運) 강국 (强國) 스웨덴'의 자랑으로 삼고 있단다. 돌아오는 길목에 위치한 민속

박물관(Nordiska Muse- um)에서의 또 다른 눈 호강을 끝으로 이제는 눈도 쉬어야 한다.

역 부근에서 저녁 식

사를 하고 다음 여행지인 '네덜란드(NEDERLAND)'로 가기 위해서는 다시 코펜하겐을 경유해야 하는 터라 '코펜하겐(DENMARK)'행 국제열차를 알아보러 역 안내소로 찾아갔다. 마침 23시 10분에 출발하는 야간 열차편이 있어 국제 전용 매표소에 들러 표도 사고 이제부터는 남은 유럽 국가 여행에 필요할 것 같아 '유레일 패스(Eurail Pass)'를 신청했더니 '스톡홀름(SWEDEN)'에서는 취급하지 않고 '코펜하겐(덴마크)'에 가서 신청하라는 답변을 들었다.

(63) STOCKHOLM(SWEDEN)⇨HASSLEHOLM(SWEDEN)⇨
KOEBENHAVN(DENMARK)

10월 14일 23시 10분에 '스톡홀름'에서 출발한 '코펜하겐'행 야간열차
는 중간역인 '하스레홀름(HASSLEHOLM)'에 새벽에 도착한 후 국제열차
로 환승하여 15일 오전 7시 48분에 다시 '코펜하겐'으로 돌아왔다.

새벽 단잠을 깨운 달리는 열차 밖의 북유럽 경관이 이번 여행의 또
다른 추억거리를 만들어 주었다.

Personlig

BILJETT   Sthlm Central - Koebenhavn H   RES PLUS

Biljetten gäller endast tillsammans med giltig ID-handling. Photo ID required

Giltig   2018-10-14 – 15   Resenär   Park Seunghun

Beställnummer   EGU85707I0001
Kategori   Pensioner

Plats i hurvagnen/co
Sthlm Central - Hassleholm C   Nattåget SJ
Avgång   Ankomst   Tåg   Vagn   Plats
23.18 06.17   10035   5   5   Herr Svend Möllen

[QR code]

384.628.146.041.156.492.11a

Resan kan inte ombokas/återbetalas

Biljetnummer   EGU85707I0003   2R85UH5475C
Kategori   Voxer!

Hassleholm C - Koebenhavn H   Regional 2 kl Öresundståg
Avgång   Ankomst   Tåg   Vagn   Plats   Smäljk linke
06.22 07.48   1023   11   87   2Amp Salong
Galler 4 PDM (F+1) giltighetsdepet
Resan kan inte ombokas eller återbetalas

(64) KOEBENHAVN(DENMARK)

　지난 10월 초에 이틀 동안 '코펜하겐(덴마크)'에서 이미 머물렀고 북유럽의 2개국 순방을 위해 이곳을 떠났다. 그런데 '네덜란드'로 가기 위해서는 어쩔 수 없이 다시 이곳으로 돌아와야만 했다. '암스테르담(네덜란드)'으로 가는 기차표 예매와 '유레일 패스(Eurail Pass)'를 구매하기 위해 국제열차 업무 창구로 가서 여권을 제시하고 목적을 이야기했다. 여러 종류의 '유레일 패스'가 있는데 1등급(1st class)의 유레일 패스를 구매했다. 이 패스는 15일 동안만 사용할 수 있는 '유레일 패스'로, 600유로(EURO, 한화 약 85만 원)를 지불하고 구매하였고 더불어 첫 사용으로 다음 여행지인 '암스테르담(네덜란드)'행 국제열차 기차표도 건네받았다. 그러면서 다음 날 11시 35분에 출발하는 국제열차를 꼭 타 보라고 시간을 그렇게 정해 준 것이라는 설명을 들었다. 그 이유는 나중에서야 자세히 알았다. 이 국제열차는 '독일의 함부르크'를 경유해야 하는데 '덴마크(DENMARK)' 국경에서 바다를 건너야만 독일의 국경 지역인 '푸트가덴(PUTTGARDEN)'을 지나서 갈 수가 있고 그 후에 '함부르크'로 갈 수 있다. 국제열차 안에서 조용히 여행을 즐기던 나는 갑자기 기차가

정차하면서 내리라는 안내 방송이 나오길래 조금 당황했는데 승객들이 중요한 짐만 들고 나가면서 나보고도 빨리 기차에서 내리라고 한다. 그러면서 연이어 배(카 페리)의 로비에서 약 40분간 휴식하면서 즐거운 식사와 쇼핑을 하라고 방송한다. 사람들을 따라서 기차 문을 열고 나오니 정말 배 안이다. 주위에 내가 타고 온 기차와 화물차들이 질서정연하게 줄지어 서 있다. 나도 선박 생활을 오래 했지만, 자동차나 중장기 등을 배에 태운 적은 있어도 기차를 태운 적은 없다. 배의 로비로 가니 창밖으로 아름다운 항구와 푸른 바다를 배경 삼아 많은 사람이 유유자적하게 휴식을 즐기고 있는 것이 아닌가? 이윽고 다시 나를 태운 국제열차가 배의 선수(船首)를 빠져나와 본래의 철로로 되돌아왔다. 신기한 경험을 할 수 있도록 표를 내준 '덴마크' 아가씨에게 마음속으로 고마움을 느꼈다. 독일의 '함부르크(HAMBURG)'에서 기차를 바꿔 타고 '오스나브뤼크(OSNABRUECK)'를 거쳐 '암스테르담(네덜란드)' 기차역에 도착하였다.

7.

베네룩스 3국을
지나서

(65) KOEBENHAVN(DENMARK)⇨PUTTGARDEN(GERMANY)⇨HAMBURG(GERMANY)⇨OSNABRUECK(NETHERLAND)⇨AMSTERDAM(NEDERLAND)

(66) AMSTERDAM(NETHERLAND)

'네덜란드의 암스테르담' 하면 '운하(運河)의 나라'가 먼저 떠오를 것이다. 그래서 시내 관광은 보트(Boat) 투어(Hop On-Hop Off)가 제격일 것 같아 유람선 선착장으로 가니 배를 타기 위해서 사람들이 길게 줄을 서서 기다리고 있었다. 곧 내 차례가 되어 체면 불고하고 사진 찍기 좋은 물가 쪽에 얼른 자리 잡았다. 지나가는 물길마다 좁은 수로(水路)변에 주거용인지, 펜션인지 모를 정도로 실내를 예쁘게 장식한 작은 선박들이 줄줄이 묶여 있다. 수없이 이어지는 좁은 수로 양옆의 도로들도 넓지 않아 2층 친구 집에서 창문을 열고 서로 손 흔들며 인사를 나눌 수 있을 것 같다. 색다른 풍경을 지나 조금 넓은 운하로 나오니 선박 박물관(Maritime Museum)과 17세기에 머나먼 동북아시아(중국, 일본)로 항행(航行)했을 법한 멋들어진 배가 한편에 계류된 것이 눈에 들어온다.

잠시 머무는 정류소 계류장에 도착하자마자 배에서 내려 '무엇들이 전시되어 있을까?' 하는 궁금증을 갖고 박물관 쪽으로 걸음을 재촉하였다. 박물관(Maritime Museum)의 전시실은 세 구획으로 나누어져 있는데 나에게 감명을 준 것은 16~17세기경에 작성된 그네들의 눈에 비친 섬 모양의 한반도인 '꼬레아(COREA)'의 지도이다. 그 옛날에 네덜란드인인 '하멜'이 우리나라에서 표류하면서 대륙과 붙어 있는 '백두산'은 못 가 봤을 테니 아마 이런 지도 형태가 나온 것이 아닐까 싶었다.

  박물관 후문 밖으로 나오니 부두에 묶여 있는 고선박(古船舶)이 17세기 네덜란드인들의 '대항해(大航海) 시대'의 위용을 자랑하며 관광객을 맞이하고 있었고 그 옆 전시실에서는 황실(皇室)에서 사용했다는 배가 온통 황금빛으로 빛나고 있었다.

(67) AMSTERDAM(NEDERLAND)⇨BRUXELLES(BELGIUM)

　나를 태운 국제열차는 약 3시간을 달려 '브뤼셀(BRUXELLES MIDI)역'
에 나를 내려 주었다.

(68) BRUXELLES(BELGIUM)

　'브뤼셀(BRUXELLES)'에서 소개하는 유혹적인 3대 명소 중에 '아토미
움(Atomium)'과 '작은 유럽(Mini-Europe)'에 가려 했는데 거리가 멀어서
시내 관광버스(Hop On-Hop Off, Blue Line)를 이용해야 했다. 버스는 넓
게 펼쳐진 '브뤼셀 라컨 왕궁 온실(Serres Royales De Laeken)'을 끼고 정
류장에 정차하였지만, 입장하여 관람하려면 시간이 무척 걸릴 것 같아
서 하차하지 않고 다음 정류장인 '아토미움 광장(Atomium Square)'에서
하차하였다.
　조형물들을 보는 순간 이곳 '브뤼셀'에서 짧은 기간의 여행이지만 내
가 얻을 것이 없을 것 같고 '작은 유럽(Mini-Europe)' 또한 나의 수많은
유럽 국가 여행 경험에 비춰 볼 때 크게 감동을 줄 것 같지 않아 발길
을 천주교 성당(Saint Georges)을 잠깐 거친 후 처음 출발지인 기차 중
앙역 부근으로 돌렸다. 역 근처의 경사면을 따라 '세인트 마이클과 세
인트 구들 성당(St. Michael and St. Gudula Cathedral)' 앞으로 가니 관광
객들과 현지 젊은이들의 행사 소리로 시끌벅적하다. 좀 더 안쪽으로
옮겨가니 '그랑플라스(Grand-Place, Grote Markt)' 광장도 사람들로 발 디
딜 틈이 없다. 13세기부터 상인, 수공업자들의 특권적 동업 형태인 길
드(Guild)에 의해 유럽 상공업의 중심 역할을 해 왔다는 번잡한 광장과

그 주위 건물들의 화려함이 번영했던 시절을 잘 보여 주고 있었다.

　사람들의 물결을 따라 1619년에 만들어졌다는 '오줌싸개 동상' 쪽으로 이동했더니 한 60㎝ 정도 되어 보이는 어린아이 동상이 두꺼운 옷을 입은 채로 오줌 줄기를 시원하게 내보내며 서 있었다. 그 어린아이 동상(銅像)은 수없이 도난당한 수모 때문에 원(原) 동상은 '그랑플라스의 박물관'에 보관되어 있고 지금 서 있는 동상은 1965년에 만들어진 복제품이라고 한다. 옷도 때때로 바꿔 입혔다고 하니 우리가 많이 본 사진 속 발가벗은 오줌싸개 동상과 같은 동상이 아니라 조금은 아쉽다. 오히려 옆 와플(Waffles) 가게에 서 있는 발가벗은 동상이 더 눈에 들어온다.

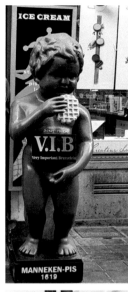

(69) BRUXELLES(BELGIUM)⇨LUXEMBOURG(LUXEMBOURG)

오전 8시 37분에 '룩셈부르크'행 국제열차
에 올라탔다. 승차해서 나의 '유레일 패스
(Eurail Pass)' 행선지 칸에 자필로 승차한 곳,
가는 곳, 시간 및 날짜를 기재하고 검표하
러 온 승무원에게 날인을 받았다.

(70) LUXEMBOURG(LUXEMBOURG)

❋ 첫째 날

: 약 3시간 정도 걸려 '룩셈부르크역'에 도착하였다. 밖으로 나오니 기
차역의 규모는 그리 크지 않고 건축된 지 얼마 되지 않아 보이나 무척
고풍스러워서 눈길을 끈다. 숙소를 구시가지(Old Town)로 가는 부근에
예약하였는데 가는 길이 한적한 소도시 풍경이고 쉽게 찾을 수 있었
다. 간단하게 여장을 풀고 호텔 안내소에서 시내 지도를 구하여 가벼
운 시내 투어(City Tour)를 물어보니, 천천히 주변을 관람하면서 걸어도
30분이면 충분히 구시가지로 갈 수 있다고 하며 방향까지 알려준다.
이름 모를 고풍스러운 교회 건물이며 상당히 오랫동안 사람들이 살아
왔을 고가옥들을 이리저리 헤집고 다니다 보니 바로 발아래로 계곡 숲
이 펼쳐지며 눈에 확 들어온다. 그리고 저쪽 구시가지로 가는 길까지
계곡을 가로질러 높게 놓인 아치형 다리가 나타난다. 그 다리 아래로
펼쳐진 계곡에 갖가지 나무숲으로 뒤덮인 옛 성 터를 보니 다리가 없
었던 시절에 사람들은 다리 건너편까지 어떻게 왕래했을까 하고 잠시

다리 위에 서서 생각에 잠겼다. 다리를 막 건너니 '콘스티튜션 스퀘어 (Constitution Square)' 광장에 서 있는 '황금빛 여인 동상(The Golden Lady Memorial)'이 여행자에게 '잘 왔다(Welcome)'고 굽어보면서 미소를 지으며 서 있었다. 옛날 사람들이 '희로애락(喜怒哀樂)'을 소통하며 살던 곳을 여행자는 '구시가지(Old Town)'라고 알고 있는데, 이곳에서도 구시가지 방문은 빠트릴 수 없다. 시내 관광버스(City SightSeeing)의 출발지가 가까이에 있으니 내일을 기약했다.

✿ 둘째 날

: 딱 가 봐야 할 곳은 눈에 띄지 않으나 '룩셈부르크'가 나라 이름인 동시에 수도 이름이니 버스로 시내 투어를 하면 어느 정도 이해할 수 있을 것 같아 어제 봐두었던 관광버스 정류장으로 향하였다. 오픈 버스 2층의 잘 보이는 좌석에 앉아 시내 여러 곳에 두루두루 눈길을 주었지만, 작고 화려하지도 않은 곳곳을 둘러보는 데는 한 시간 반이면 충분하였다. 시내 센터(Centre) 정거장인 듯한 곳에서 하차하여 아담한 공원(Pfaffenthal)을 가로질러 가니 더 이상 갈 수 있는 길이 없고 대신에 '파노라믹 엘리베이터(Panoramic Elevator)'가 나타난다. 그 주위에 서니 발아래로 보이는 계곡 사이로 울긋불긋한 지붕들, 고성의 흔적들과 그 사이로 자그마한 계천(溪川)이 그림처럼 펼쳐져 있다. 한 4층 정도의 높이인 것 같은 엘리베이터를 타고 하강(下降)하니 또 다른 구시가지 (Old Town)가 나온다.

돌로 잘 다듬어진 좁은 길이며, 운치 있는 낮은 아치형 돌다리며, 중심을 흐르는 실개천이 멋을 더하고 있고, 외부인의 침입을 막아 주는 낮은 성벽 길에는 교회도 자리하고 있어 먼 옛날의 이곳 사람들의 숨소리가 들려오는 듯하다. 이방인을 반갑게 맞아 주는 운치 있는 카페에서의 맥주 한 잔은 추억을 더 깊게 새겨 주었다.

(71) LUXEMBOURG(LUXEMBOURG)⇨BRUXELLES(BELGIUM) ⇨PARIS(FRANCE)

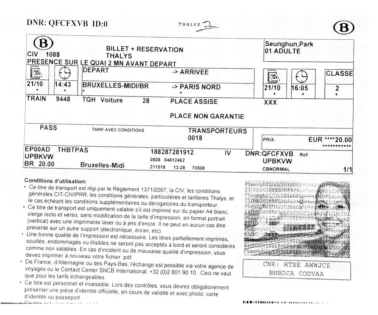

　'룩셈부르크'에서 철로로 '프랑스의 메츠(METZ)'를 거쳐서 '파리'로 가려고 시도하니 일정도 잘 조정되지 않고 시간도 많이 소요될 것 같았다. 그래서 10월 21일 9시 10분에 '룩셈부르크' 기차역에서 출발하여 내가 왔던 길인 '브뤼셀(벨기에)' 기차역에서 당일 14시 43분에 '프랑스 파리(PARIS)'행 기차를 타는 것이 더 좋은 선택으로 여겨져 그 방법을 선택하였다. '파리 북(PARIS NORD)' 기차역에는 2018년 10월 21일 16시 5분에 도착하였다.

(72) PARIS(FRANCE)

✦ 첫째 날[파리 입성(入城)]

: '파리 북(北)역'의 출구를 빠져나오니 길거리에 피부색이 다른 이방인이 너무 많아 어리둥절하였다. 나는 평생 직업으로 배를 타고 거의 55개국을 다녔고 세계의 내로라하는 도시인 '뉴욕, 시드니, 싱가폴, 홍콩, 동경, 상해, 리우데자네이루 등'의 도시를 두루 거쳤는데, '파리'는 배가 들어갈 수 없어 그동안 입성해 보지 못한 결과로 촌뜨기가 되었다. 약간은 흥분이 되어 스마트폰으로 구글에 접속하여 그 유명한 '몽마르트르(MONTMARTRE)' 주변에 숙소를 정하였다. 곧 어렵지 않게 예약된 호텔을 찾아 그 자리를 오래 지켰을 듯한 늙은 주인장에게 '몽마르트르' 언덕으로 가는 길을 물어보니, 내가 촌스럽다는 듯이 퉁명스럽게 호텔 뒤로 보이는 '사크레쾨르 대성당'으로 가는 길을 따라가면 나온다고 한다. '몽마르트르' 언덕은 그곳에서 수많은 예술가가 세계 미술 사조의 흐름을 주도했다는 명성 때문에 익히 들어서 알고는 있었지만 내가 무엇인가에 감명받고 느낄 수 있는 전문 지식인이 아니라서 서울의 '인사동' 거리를 걷는 느낌으로 천천히 활보하다 보니 주위가 어두워졌다. '사크레쾨르 대성당'도 그 위용이 어둠에 묻혀 버렸고, 다만 눈 앞에 펼쳐진 '파리의 야경'이 여행자의 피로를 풀어 주었다.

'파리'에서 하루를 보내고는 있으나 이제는 나의 최종 여행 목적에 따라 철도로 '포르투갈의 신트라(SINTRA)'까지 가야 한다. 그러기 위해서는 이곳 '파리'에서 출발하여 '스페인의 마드리드'를 거쳐야만 하기에 '영국 런던(LONDON)'에 있는 영국 해협(English Channel)을 건너는 해저 터널(Channel Tunnel)을 기차로 갔다가 다시 '파리'로 돌아와야 한다. 마침 '파리 북역(PARIS NORD)'이 가까이에 있어 약간 늦은 시간이지만 역

구내의 국제여행을 담당하는 매표소에서 내일인 22일 13시 14분에 출발하는 '영국의 런던'행 국제열차표를 구매했다.

✵ 파리에서의 둘째 날

: 기차 출발 시각이 13시 14분이라 아침 일찍 다시 '몽마르트르' 언덕과 '사크레쾨르 대성당'을 찾았다. 천천히 대성당 주위를 돌아보니 수난의 역사와 아픔을 같이해 온 길이며 건물들이 새롭게 느껴진다. 그 역사를 품은 채로 '파리' 시내를 굽어보고 있는 대성당의 당당함을 뒤로하고 내려오는 계단에서 한국인 젊은 커플을 만나 서로 사진을 찍어 줬는데 나보고 대성당을 배경으로는 계단에 앉아서 찍어야 인증이 된다고 하며 두 장이나 추억을 남겨 주었다.

(73) PARIS(FRANCE)▷LILLE(FLANDERS/EUROPE)▷ LONDON(GREAT BRITIAN)

'파리 북(PARIS NORD)역'에서 22일 13시 14분에 출발하는 기차에 타시 '릴레(LILLE FLANDERS)역'에 도착한 후에 국세선(LILLE EUROPE)역으로 이동하여 '영국 입국 검사장'을 통과한 후에야 국제열차(EUROSTAR)에 오를 수가 있다.

영국 입국 심사대를 거치는데, 심사원이 '런던'에는 왜 가느냐, 왕복 기차표는 있느냐, 소지한 돈은 얼마나 있냐, 쓸 수 있는 카드는 몇 장이냐 등을 꼬치꼬치 캐묻는다. 솔직하게 '런던'을 여행해 보고 싶어서 가는 중이고 돌아오는 일정은 며칠이면 충분하고 왕복 기차표는 돌아오는 날짜가 정해지지 않아 구매하지 않았으며 돈의 액수는 쓸 만큼의 유로(EURO)와 카드 2장이라고 지갑에서 꺼내 보여 주니 마지못해 여권에 입국 허가 도장을 찍어 준다. 이제야 '도버(DOVER)해협'을 기차로 건너는 역사적인 순간이 왔다. 출발 시각은 10월 22일 15시 35분이었는데 '영국 런던(LONDON)'의 중앙역(ST-PANCRAS)에는 22일 16시 5분에 도착하였다.

(74) LONDON(GREAT BRITAIN)

숙소로 선택한 곳은 런던 대교(London Bridge) 건너편에 우뚝 솟은, 유럽에서 가장 높다는 초고층 건물인 '쉐어드(The Shard)' 부근이다. 가차역(ST-PANCRAS)에서 버스를 타고 숙소에 도착한 시간대가 저녁 어슴푸레할 때라 첫날은 숙소에서 가까운 '템스강(River Thames)' 주변을 산책하기로 하였다. 강변 곳곳에 야간의 '템스강'을 주제로 한 카페들이 많이 있다. 많은 사람이 그 분위기를 고조시키고 있어 나도 야외 카페에서 맥주 한 잔을 홀짝거리며 물결에 흔들거리는 강물 위의 불빛들을 감상하는 것으로 '런던'에서의 첫날을 보냈다.

다음 날, 시내 관광버스(Hop On-Hop Off)를 이용하려고 그 코스를 보니 2~3일은 돌아보아야 조금 '런던'을 이야기할 수 있을 듯하지만, 여행자의 목적 기일에는 걸맞지 않아 보인다. 그래서 튼튼한 두 다리로 충분히 걸어서 갈 수 있는 방향으로 길을 잡았다. 우선 숙소에서 가까운 런던 대교(London Bridge)를 거쳐 '템스강'의 '타워 브리지(Tower Bridge)'를 건너서 약 1000년 정도 된 고성(古城)이자 왕권의 상징이며 악명 높은 감옥이 있는 '런던 타워(Tower Of London)'로 오니 그 안으로 입장하려는 관광객들이 많다. 나도 입장권을 구매한 후에 사람들의 흐름에 따라 이곳저곳을 관람하다 왕관이 전시된 곳을 지나 '화이트 타워(White tower)' 전시실로 갔다. 그 유명한 '대영 박물관(British Museum)'은 시간상 못 가보더라도 이곳의 주인이 착용했던 은(銀) 투구며 갑옷들을 보니 바늘 하나 들어갈 틈이 없는 완전 방어 형태에 경외(驚畏)의 느낌을 받았다.

출구로 빠져나온 후에 발길을 '성 폴 대성당(St. Paul's Cathedral)' 쪽으로 옮겼다.

그러다 보니 어느덧 해가 대성당돔(Dom)에 뉘엿뉘엿하다. 버스로 이동하여 '킹스 크로스(King's Cross)'에서 하차하여 다시 돌아가야 할 '파리(PARIS)'로의 일정을 점검하기 위해 '런던 기차역(St. Pancras)'으로 갔다. 마침 내일인 10월 24일 15시 31분에 '파리'로 가는 열차편이 있어 '유레일 패스'로 예약하고 나니 내일은 런던에서 조금 더 보낼 수 있을 것 같다.

: 아침 일찍 짐을 챙겨서 아침 시장(Borough Market) 구경을 하러 갔다. 시장 풍경은 세계 어디든지 사람들로 북적거리는 모습이 비슷하다. 그리고는 '런던'을 떠나기 전에 '템스강'을 눈에 한 번 더 넣어두기 위해 '워털루 다리(Waterloo Bridge)' 위에 서서 확실한 눈도장을 찍고 다리를 건너서 '파리'로 가는 기차를 타기 위해 역으로 왔다.

(75) LONDON(GREAT BRITAIN)➯PARIS(FRANCE)

'도버(DOVER)해협'의 해저 터널을 통과하는 국제열차는 '런던 기차역 (LONDON ST-PANCRAS)'에서 10월 24일 15시 31분에 출발하였다. 일등석을 구매하여서 열차 기내식(機內食)으로 작은 레드 와인 1병과 맛깔스러운 음식이 제공되어 더 좋은 추억을 만들었다.

도착 시각은 '파리 북역(PARIS NORD)'에 당일 18시 47분이었다.

(76) PARIS(FRANCE)

서유럽인 '스페인의 마드리드
(MADRID)'에 기차로 가기 위해서
다시 '파리'를 찾았다.

다음 날 아침에 '파리 북역' 옆에
있는 시내 종합 버스 터미널에서

'노트르담(Notre-Dame) 대성당'으로 가는 시내버스를 탔다. 유명세에
걸맞게 성당 주위가 사람들로 북적인다.

다시 방향을 '센강(La Seine)' 쪽으로 잡고 느긋하게 강변을 걸어서 '콩
코드(Concorde)' 광장으로 향하였다. 원래 이름이 '루이 15세 광장'이었
다는 널찍한 '콩코드 광장'에는 저마다 역사적인 이야기를 품은 조형물
들이 즐비하게 서 있고 한쪽에선 프랑스 고등학생들이 그 조형물이 간
직한 역사적인 이야기들을 열심히 화지(畵紙)에 옮기고 있었다. 서쪽 방
향인 듯한 '샹젤리제' 거리 저 멀리에 개선문(Arc de Triomphe)이 중앙에
자리하고 있는 것이 보여 늦은 점심도 먹을 겸해서 발걸음을 '샹젤리제'
거리로 옮겼다. '개선문(Arc de Triomphe)'의 주위는 행사 준비와 공사로
혼잡스러워 사진 찍기에 애를 먹었다.

✻ 파리에서의 마지막 날

: '스페인의 마드리드'행 국제열차 출발 시각은 오늘 26일 21시 3분이
다. 전날에 기차표를 예매했기 때문에 오늘 오후 늦게까지 '파리에서의
마지막 날'을 만인이 사랑하는 '에펠탑(Tour Eiffel)'과 '센강'이 어우러진
풍경을 마음껏 감상하며 보냈다. 이후 고즈넉하게 자리 잡은 카페에서
진한 커피 한 잔을 마시며 "파리여, 안녕."을 고하였다.

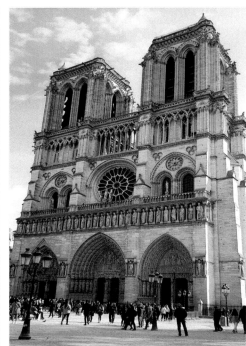

8.
서유럽을
향하여

(77) PARIS(AUSTERLITZ)⇨PORT BOU(SPAIN)⇨BARCELONA(SPAIN)⇨MADRID(SPAIN)

　'마드리드'로 떠나기 위해 보관했던 짐을 찾아서 시내버스를 타고 파리 시내의 또 다른 역인 '오스터리츠(AUSTERLITZ)'로 향했다. 그리고 21시 3분에 출발하는 '스페인의 마드리드'행 국제열차에 몸을 실었다. 그런데 이 철도의 여정이 순탄치가 않다. 야간열차로 '파리'에서 출발하여 다음 날인 27일 9시 50분에 '포트 보우(PORT BOU ESPAGNE, SPAIN)'에 도착한 다음에 또 다른 환승역(GIRONA, SPAIN)까지 가서 '스페인의 마드리드역'까지 가는 기차표였다.

　그리고 어디서부터 잘못된 것인지, 이번 여행에서 처음으로 침대칸이 아니었다. 결국, 앞 좌석의 외국인 여행자와 함께 좌석에 앉은 채로 밤을 보냈다. 그런 데다 '포트 보우역'에서 내린 후에 다음 역으로 가는 열차가 예정된 시간이 훨씬 지나도 오지 않아 역무원에게 문의하니 빙그레 웃으며 무슨 영문인지도 모르는 채로 빨리 '바르셀로나'행 기차에 타라고 한다. 그래서 일정에도 없는 '바르셀로나(BCN-SANTS)'로 가게 되었다.

　문득 여행자라면 그냥 지나칠 수가 없다는 생각이 들어 하루 정도는 묵어야지 하며 밖으로 나오니 비가 장대같이 쏟아지는 것이 아닌가! 할 수 없이 다시 역 구내 매표소로 가서 나의 모든 기차표를 제시하니 15시에 출발하는 '마드리드'행 기차표로 바꿔준다.

(78) MADRID(SPAIN)

✷ 첫째 날

: '마드리드 기차역(MADRID-P. A)'에는 10월 27일 17시 53분에 도착했고 숙소는 구시가지(Old Town) 안쪽에 정하였는데 한국인들이 많이 투숙 중이었다.

✷ 둘째 날

: 숙소의 깔끔한 2층 식당에서 한국인 투숙객들과 아침 식사를 하는데 이구동성으로 '톨레도(TOLEDO)' 이야기를 하길래 시내 투어보다도 '톨레도'에 먼저 가 보기로 결정하였다. '플라사 엘립티카(Plaza Eliptica)' 지하철 2층 버스 정류장으로 가서 '톨레도'행 왕복 버스표를 구매하고 출발하였다. '톨레도' 버스 정류장에서 그리 멀지 않은 곳에 있는 '세르반테스' 언덕을 타고 오르면 천연 요새의 성터가 나온다. 한때는 '스페인'의 옛 수도로 역사적인 유명인을 비롯한 예술가들이 이곳에서 태어나고 자라며 살았다고 하는 곳곳의 풍경이 여행자들을 옛날의 정취에 흠뻑 빠져들게 한다. 또한, 기독교와 유대교, 이슬람교들의 종교 문화가 함께 어우러져서 이곳을 지켜 왔다고 하니 더욱더 의미 있는 탐방이 되었다.

1226년에 짓기 시작해서 가톨릭 군주 시대인 1493년에 완공했다는 '톨레도 대성당'의 역사적 역할을 음미하며 둘레의 에스러운 길을 걷다 보니 '마드리드'로 돌아갈 시간이 되었다.

돌아오는 길에는 기차역에 들러서 내일 21시 43분에 출발하는 '포르투갈의 리스본'으로 가는 야간 국제열차를 예매하였다.

: '플라자 마요르(Plaza Mayor)' 광장에 많은 사람이 운집해 있다. 광장에서 시내 관광버스(Hop on-Hop off)를 타고 '프라도 미술관(Museo del Prado)' 앞에서 하차하여 조금 걸어서 '레티로 공원(Parque de el Retiro)'에 입장하였다. 널따란 호수와 유서 깊은 유적(Palacio de Velazquez and Cristal)이 아름답게 조화를 이루며 어우러진 풍경이 오래전부터 많은 사람의 발길을 끌었으리라는 생각이 들었다. 돌아오는 길에는 '푸에르타 델 솔(Puerta del sol) 광장'의 자그마한 뷔페식당에서 오랜만에 나만의 성찬을 즐기고 시끌벅적한 인파 속에서 '마드리드'의 밤을 뒤로하고 마지막 국제열차를 타기 위해 기차역으로 발길을 옮겼다.

(79) MADRID(SPAIN)⇨LISBOA(PORTUGAL)

　2018년 10월 29일, 드디어 이 여행의 마지막 국제열차이다. '마드리드
(MADRID-CH.)' 기차역에서 출발하는 시각은 21시 43분인데 배정받은
침대칸은 '트레노텔(TRENHOTEL)'이라고 불린다고 한다. 실제로 작은 호
텔같이 청결하고 2인실이지만 승객은 나 혼자뿐이라서 마지막 야간 여
행을 편안하게 즐기며 '리스본(LISBOA, 포르투갈)'에 도착했다.

(80) LISBOA(리스본, PORTUGAL)

　이제 나의 여행을 정리할 때가 왔다. 오늘은 '리스본'에서 간단한 여정을 보내고 내일인 10월 31일에는 '카스카이스(CASCAIS)-카보 다 호카(CABO DA ROCA)곶-신트라(SINTRA)'의 여정(旅程)을 통해 대서양(大西洋, ATLANTIC OCEAN)의 땅끝인 '카보 다 호카곶 등대(燈臺)'에 발을 디디면 총 37개국 경유와 101일간의 대장정의 막이 내린다.

　'폼발(Marques do Pombal)' 광장에서 버스를 타고 16세기 마누엘 양식의 '제로니무스 수도원(Mosteiro dos Jeronimos)' 앞 정류소에 하차하니 그 명성답게 방문 인파가 엄청나다. 그 옛날에 포르투갈의 탐험가인 '바스쿠 다가마(Vasco da Gama)'가 먼 길을 떠나기 전에 이곳에 들러 역사적인 출정을 위한 기도를 했다고 하며 그 내부에 박물관 시설이 많이 있다. 많은 사람을 따라 '타구스강(RIO TEJO)' 강변 쪽으로 방향을 돌리니 1515년에 세워진 '포르투갈' 사람들의 자부심인 '벨렝탑(Torre de Belem)'이 이곳을 지나가는 선박들을 고고히 지켜보며 외롭게 서 있다. 이 탑은 '바스쿠 다 가마'의 세계 일주 위업을 기념하기 위해 세워졌다고 한다. 나도 직업의 특성상 자동차 운반선을 타고 180일 동안 지구를 한 바퀴 돌아 본 경험이 있다. 지금 그 누구도 나의 외로운 긴 여행의 성공을 축하해 줄 사람이 없지만, 그래도 나는 '대서양의 땅끝'에 서야 한다.

9.
대서양(ATLANTIC OCEAN)의 땅끝, 카보 다 호카(CABO DA ROCA)곶에 서다

(81) LISBOA(PORTUGAL)⇨CASCAIS⇨CABO DA ROCA⇨ SINTRA

'리스본(LISBOA-ORI)' 기차역에서 '카스카이스(CASCAIS)'로 가는 기차를 타고 '카스카이스역'에 도착하면 바로 옆 버스 터미널에서 '신트라(SINTRA)'까지 가는 왕복 버스가 수시로 운행되고 있다. 기차로는 더 이상의 철로가 없어서 불가능하다.

바로 이 왕복 버스가 대서양의 땅끝인 '카보 다 호카(CABO DA ROCA)곶' 등대에 이곳을 찾는 사람들을 위해 끊임없이 정차하고 '신트라로 간다.

나는 드디어 2018년 10월 31일 '대서양(ATLANTIC OCEAN)의 땅끝인 카보 다 호카(CABO DA ROCA)곶에 섰다.

여름이 시작되던 지난 2018년 7월 22일에 '태평양(PACIFIC OCEAN)의 땅끝'인 '이우보사키' 등대에서 출발하여 일본 국내를 기차로 거쳐서 '사카이미나토항(港)'에서 선박을 타고 러시아로 갔다. 러시아의 '블라디보스토크'에서 '러시아 횡단 열차'를 타고 '모스크바'를 경유하여 동유럽-발칸반도-중부 유럽-북유럽-베네룩스 3국-영국 도버(DOVER)해협-서유럽-포르투갈까지 오직 기차로만 30개국을 끊어지지 않도록 연결하여 여행하고 버스, 선박으로는 7개국을 방문하여 이곳까지 오는 데 모두 37개국 방문이라는 과정과 101일이 걸렸다.

대서양의 세찬 바람이 나의 성공적인 여행을 시샘하듯이 불어오고 있었다. '카보 다 호카(CABO DA ROCA)곶에 서서 당당히 대서양을 바라보고 있는 나를 시샘하듯이 말이다.

10

집으로
돌아오는 길에

(82) CABO DA ROCA▷SINTRA(PORTUGAL)

　‘카보 다 호카곶’에서는 수시로 ‘신트라(SINTRA)’로 가는 버스가 있다.
　‘포르투갈’ 왕족과 귀족들의 여름 별궁과 별장으로 사용되었다는 ‘페나 국립 왕궁(The Palace of Pena)’이 동화 속의 그림처럼 예쁘고 ‘페나 공원(Park of Pena)’의 잘 가꾸어진 숲과 산책로를 따라 걷는 여유로움도 즐거볼 만하다.

(83) SINTRA⇨LISBOA(PORTUGAL)

　'신트라'에서 '리스본'으로 가는 교통편은 기차와 버스가 자주 운행하고 있어 편리하다.

　'호시우 광장(Praca do Rossio)'에서는 구식 전차를 이용하여 사각형의 요새 모습인 '산조르성(Castelo de S. Jorge)'에 올라가서 '타구스강 강변'의 전망도 즐길 수 있다. 성(城)을 벗어나서 천천히 강변 쪽으로 가면 과거에 궁전이 위치했던 '코메르 시우(Rua do Comercio)' 광장이 타구스강을 안고 펼쳐져 있으나, 1755년의 대지진으로 인해 광장으로 재건축되었다는 아픔이 있었다고 한다.

(84) LISBOA(PORTUGAL)⇨ISTANBUL(TURKEY)

 이번 여행을 시작하고 처음으로 비행기를 탔다. '리스본' 공항에서 '터키의 이스탄불'로 왔다. 이곳에서 1박 2일의 여행을 마치고 '두바이'를 경유하여 '인천공항'에 2018년 11월 7일에 도착함으로써 비로소 모든 여행이 끝났다.

부록.

태평양에서 대서양까지
모든 나라 기차표 및 버스표

✹ 출발

: 2018년 7월 22일 일본(JAPAN) 본토의 극동 태평양측인 이누보사키 (CAPE INUBOUSAKI)곶에서 출발. 기차로 일본 서쪽 항구인 사카이미 나토(SAKIMINATO)항에 도착.

사카이미나토(SAKAIMINATO)항(일본)에서 선박으로 출발. 동해시 (KOREA)항을 경유하여 블라디보스토크(VLADIVOSTOK, RUSSIA)항 도착.

✹ 도착

: 블라디보스토크(VLADIVOSTOK, RUSSIA)역에서 기차로 러시아 대 륙 철도-동유럽 철도-발칸반도 철도-북유럽 철도와 서유럽 철도 등을 끊임없이 연결하여 총 37개국을 경유한 후에 유럽 대륙의 대서양 측인 포르투갈(PORTUGAL)의 리스본(LISBON)까지 진행하고 최후로 카스카 이스(CASCAIS)까지 기차로 이동한 후 극서 대서양측의 카보 다 호카 (ESTRADA DO CABO DA ROCA)곶에 2018년 10월 31일에 도착.

(1) CAPE INUBOSAKI OF CHOSHI GEOPARK(JAPAN)

(2) SAKIMINATO항(JAPAN)⇨DONGHAE CITY(KOREA)

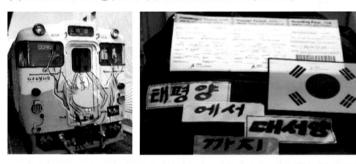

(3) DONGHAE CITY(KOREA)⇨VLADIVOSTOK(RUSSIA)

(4) VLADIVOSTPK(RUSSIA)⇨ULAN-UDE(RUSSIA)

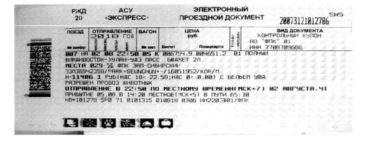

(5) ULAN-UDE(RUSSIA)⇨ULAN-BATOR(MONGOLIA)

(6) CYX6AATAR(MONGOLIA)⇨IRKUTSK(RUSSIA)

(7) IRKUTSK(NPKYTCK)(RUSSIA)⇨MOCKBA(RUSSIA)

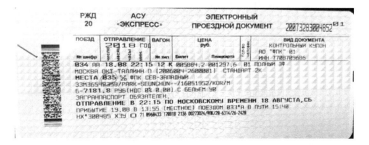

(8) MOCKBA(RUSSIA)⇨TALLINN(ESTONIA)

(9) TALLINN(ESTONIA)⇨HELSINKI(FINLAND)⇨VALGA(ESTONIA)

(10) VALGA(ESTONIA)⇨RiGA(LATVIA)

(11) RiGA(LATVIA)⇨DAUGAVPILS(LATVIA)⇨VILNIUS(LATHUANIA)

(12) VILNIUS(LATHUANIA)⇨KALININGARD(RUSSIA)

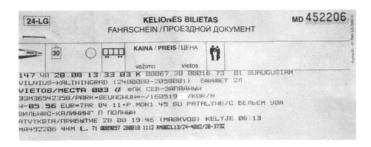

(13) KALININGRAD(RUSSIA)⇨MAMOHOBO(RUSSIA)

(14) MAMOHOBO(RUSSIA)⇨BRANIEWO(POLAND)

(15) BRANIEWO(POLAND)⇨WARSZAWA(POLAND)

(16) WARSZAWA(POLAND)➪PRAHA(CRECH REPUBLIC)

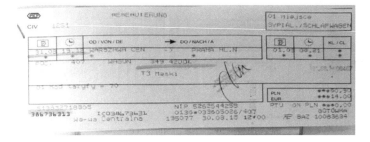

(17) PRAHA(CRECH REPUBLIC)➪WIEN(AUSTRIA)

(18) WIEN(AUSTRIA)➪BRATISLAVA(SLOVAKIA)

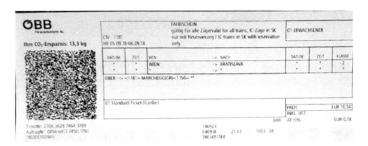

(19) BRATISLAVA(SLOVAKIA)⇨BUDAPEST(HUNGARY)

(20) BUDAPEST(HUNGARY)⇨BRASOV(ROMANIA)

(21) BRASOV(ROMANIA)⇨BUCURESTI(ROMANIA)

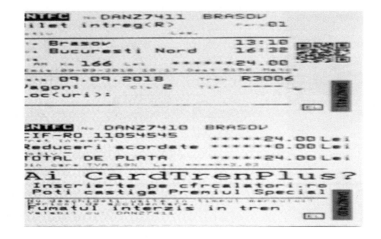

(22) BUCURESTI(ROMANIA)⇨SOFIA(BULGARIA)

(23) SOFIA(BULGARIA)⇨THESSALONIKI(GREECE)

(24) THESSALONIKI(GREECE)⇨SKOPJE(FYR MACEDONIA)

(25) SKOPJE(FYR MACEDONIA)⇨PRISTINA(COSOVO)⇨PODGORICA

(MONTENEGRO)⇨TIRANA(ALBANIA)⇨SKOPJE(FYR MACEDONIA)

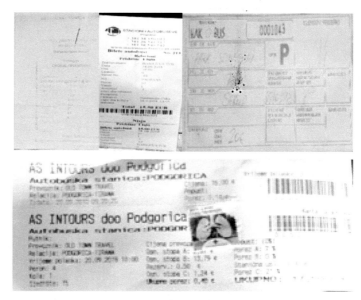

(26) SKOPJE(FYR MACEDONIA)⇨BEOGRAD(SERBIA)

(27) BEOGRAD(SERBIA)⇨SARAJEVO(BOSNIA HERZEGOVINA)⇨

(28) BEOGRAD(SERBIA)⇨ZAGREB(CROATIA)

(29) ZAGREB(CROATIA)⇨LJUBLJANA(SLOVENIA)

(30) LJUBLJANA(SLOVENIA)⇨SEZANA(SLOVENIA)

(31) SEZANA(SLOVENIA)⇨TRIESTE(ITALY)

(32) TRIESTE(ITALY)⇨VENEZIA(ITALY)

(33) VENEZIA(ITALY)⇨MILANO(ITALY)

(34) MILANO(ITALY)⇨ZURICH(SWITZERLAND)

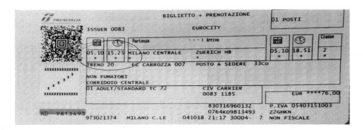

(35) ZURICH(SWITZERLAND)⇨SINGEN(GERMANY)

(36) SINGEN(GERMANY)⇨KARLSRUHE(GERMANY)

(37) KARLSRUHE(GERMANY)⇨HAMBURG(GERMANY)

(38) HAMBURG(GERMANY)⇨KOEBENHAVN(DENMARK)

(39) KOEBENHAVN(DENMARK)⇨OSLO(NORWAY)

(40) OSLO(NORWAY)⇨GOTEBORG(SWEDEN)

(41) GOTEBORG(SWEDEN)⇨STOCKHOLM(SWEDEN)

(42) STOCKHOLM(SWEDEN)⇨HASSLEHOLM(SWEDEN)⇨KOEBENHA
VN(DENMARK)

(43) KOEBENHAVN(DENMARK)➩PUTTGARDEN(GERMANY)➩ HAMBURG(GERMANY)

(44) HAMBURG(GERMANY)➩OSNABRUECK(GERMANY)

(45) OSNABRUCK(GERMANY)⇨AMSTERDAM(NEDERLAND)

(46) AMSTERDAM(NEDERLAND)⇨BRUXELLES(BELGIUM)

OUTWARD JOURNEY		PLATFORM	TRAIN	DATE
D: 11:22u A: 14:15u	Amsterdam Centraal Bruxelles Midi	14a 13	ICD 9232	Thu 18 Oct 2018

or further information or booking, go to www.NSInternational.nl or contact our NS International Service C
30-2300023. You can reach us day and night.
ou can also contact your local travelagent or go to the NS International desk at one of the Tickets & Serv
the larger train stations.

:claimer: no rights can be derived from this timetable

(47) BRUXELLES(BELGIUM)⇨LUXEMBOURG(LUXEMBOURG)⇨NAMU R(BELGIUM)⇨BRUXELLES(BELGIUM)

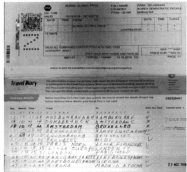

(48) BRUXELLES(BELGIUM)⇨PARIS(FRANCE)

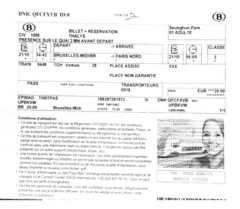

(49) PARIS(FRANCE)⇨LILLE(FRANCE)⇨LONDON(GREAT BRITAIN)

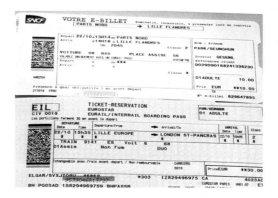

(50) LONDON(GREAT BRITAIN)⇨PARIS(FRANCE)

(51) PARIS(FRANCE)⇨PORT BOU(SPAIN)⇨BARCELONA
(SPAIN)⇨MADRID(SPAIN)

(52) MADRID(SPAIN)⇨LISBOA(PORTUGAL)

renfe Viajero **Billete + Reserva**   LOC.: VNWFSP24   AQBE8779 2991
CIV 1171 CombinadoCercanias: 357HN   28OCT18 15:29
                              VCX AQBE8779 2991   Fecha: 29OCT18
    7026800928199   eurail   28OCT18 15:29   Tren: 00332
Fecha: 29OCT18   Coche: 6   CAMA PREFEREN   MAD-LIS
Salida: MADRID-CH.   21:43   Plaza: 11 INDIVIDUAL   Coche: 6
Llegada: LISBOA-ORI 07:20   Plaza: 11
Producto: TRENHOTEL 00332   NUEVO C.I.F.
eurail   A86868189
Fecha: Cierre del acceso   Coche: No incluye franquici Fecha:
Salida: al tren 2 minutos   Plaza: a de aparcamiento   Tren:
Llegada: antes de la salida   (excepto clientes
Producto: TRANSP:1094 1171   +Renfe)   Coche:
                                                       Plaza:
719 EURAIL   Precio   : ¤¤¤86,00   eurail
Metalico EHAMARTIN   Gastos gestion: ¤¤¤¤4,85   Tarifa: 719
                            TOTAL (Euros) : ¤¤¤92,85   Total: ¤¤¤92,85
  07104025494¤¤010%   ¤¤8,44   NO APLICA TASA @@

(53) LISBOA(PORTUGAL)⇨CASCAIS⇨SINTRA(PORTUGAL)